荒漠河岸林
典型植物水分生理特性

李 端　司建华

著

图书在版编目(CIP)数据

荒漠河岸林典型植物水分生理特性 / 李端,司建华
著. — 西安：西安交通大学出版社，2024.9. — ISBN
978-7-5693-1740-4

Ⅰ.P426.2

中国国家版本馆 CIP 数据核字第 2024RL8120 号

书　　名	荒漠河岸林典型植物水分生理特性
	HUANGMO HEANLIN DIANXING ZHIWU SHUIFEN SHENGLI TEXING
著　者	李　端　司建华
责任编辑	王建洪
责任校对	魏照民
装帧设计	伍　胜
出版发行	西安交通大学出版社
	（西安市兴庆南路1号　邮政编码 710048）
网　　址	http://www.xjtupress.com
电　　话	(029)82668357　82667874(市场营销中心)
	(029)82668315(总编办)
传　　真	(029)82668280
印　　刷	陕西奇彩印务有限责任公司
开　　本	700mm×1000mm　1/16　印张 14.75　字数 186 千字
版次印次	2024 年 9 月第 1 版　2025 年 1 月第 1 次印刷
书　　号	ISBN 978-7-5693-1740-4
定　　价	98.00 元

如发现印装质量问题，请与本社市场营销中心联系。
订购热线:(029)82665248　(029)82667874
投稿热线:(029)82665379　QQ:793619240
读者信箱:xj_rwjg@126.com

版权所有　侵权必究

前　言

在中国干旱内陆地区的河流流域，下游绿洲是由河岸林形成的。胡杨作为我国干旱区内陆河下游绿洲的优势河岸树种，在保护生物多样性和维持内陆河流域河岸生态系统功能方面起着重要作用。在干旱区内陆河下游的极端干旱环境中，多地出现了胡杨冠层死亡现象，该现象引起了人们对绿洲生态系统健康的广泛关注。水分对于任何生物都是必不可少的生态因子，它直接参与植物体内各种生理活动和代谢过程，植物生长变化与水分条件的改变有着十分密切的关系。相关研究认为，胡杨冠层的死亡可能与植物适应极端干旱条件的水力机制有关，但是胡杨冠层死亡的真正原因尚不清楚，有待进一步研究。研究不同干旱胁迫下植物的水力特性及变化规律，可以为河岸林恢复提供科学依据。对于植物水力特性的研究，依靠离体测定技术，具有极大的破坏性，基于当地法律法规对成熟胡杨的保护，本研究以胡杨幼苗为研究对象，旨在揭示胡杨的水力特性及其对干旱的响应机制。本研究将控制试验和野外试验相结合，将高压离体测定技术与解剖学、植物生理学等生态学研究手段相结合，通过对胡杨幼苗在生长季和干旱胁迫条件下的水力特性进行研究，明确胡杨水力特性对干旱胁迫的适应过程及响应机制。

干旱和半干旱地区水资源极其匮乏，且土壤盐渍化不断加剧，植物在不同生长环境中面临的逆境因子不同，植物生长变化与所处环境的盐分状况也有着十分密切的关系。叶片的功能特性是连接外部环境和植物的纽带，对植物在环境变化中的性能提升有着重要的影响。叶片功能性状的变化反映了干旱区河岸植物在不同盐胁迫条件下的抗逆性和适应性。了解叶片功能性状在盐度环境下的协调关系，对于整体感知植物对逆境的抗性机制至关重要。同时，进行植物耐盐性和抗旱性比较研究，认识植物在盐胁迫和干旱胁迫下的生理调节机制，了解植物适应不同逆境的内在机制的差异性，对于干旱和半干旱地区植物的保护、恢复和生长管理至关重要。

除胡杨外,柽柳也是这些河岸林的优势种。虽然流域内许多地区胡杨林的树枝正在死亡,而对于柽柳,这种现象在该地区却很少发现。胡杨与柽柳在生长季节植物水分关系变化方面存在差异,对二者内部水分关系的评价有助于进一步了解河岸植物干旱适应的内在机制。

本书共九章,第一章是绪论,第二章是研究区概况和研究内容,第三章是生长季胡杨水力特性的研究,第四章是胡杨水力特性对干旱胁迫的响应机制,第五章是干旱胁迫下胡杨水分输送过程的综合适应策略,第六章是盐胁迫下胡杨叶片功能性状的协调性,第七章是干旱胁迫和盐胁迫下胡杨生理特性的差异性,第八章是干旱胁迫下胡杨和柽柳内部水分关系的差异性,第九章是结论与展望。

本书得到了国家自然科学基金委员会、山西省科学技术厅、山西省哲学社会科学规划办公室、山西省教育厅、中国科学院西北生态环境资源研究院和太原师范学院的大力支持,由国家自然科学基金项目(52379029)、山西省基础研究计划(自由探索类)项目(202303021212257、202403021211205)、山西省哲学社会科学规划课题(2023YY226、2023YY228)、山西省高等学校科技创新项目(2022L414)以及太原师范学院"百亿工程"项目地理学学科建设项目共同资助出版。

本书可用作高等院校生态学、地理学、环境科学、农林科学等专业本科生的学习参考书,也可供上述专业及相关领域的管理人员参考,特别适合从事植物地理学、生态地理学、环境生态学等交叉学科研究的研究生和科研人员使用。

由于作者水平有限,书中难免存在不足之处,恳请各位读者批评指正。

李　端　司建华
2024 年 7 月

目 录

第一章　绪　论 ··· 1
　第一节　研究背景及意义 ·· 1
　第二节　国内外研究进展 ·· 6

第二章　研究区概况和研究内容 ······································ 28
　第一节　研究区概况 ··· 28
　第二节　研究内容 ··· 36

第三章　生长季胡杨水力特性的研究 ································ 39
　第一节　试验设计与方法 ·· 40
　第二节　胡杨不同部位水力特性的变化 ·························· 45
　第三节　胡杨水力特性变化的影响因素 ·························· 52
　第四节　讨　论 ·· 60
　第五节　总　结 ·· 64

第四章　胡杨水力特性对干旱胁迫的响应机制 ···················· 66
　第一节　试验设计与方法 ·· 67
　第二节　干旱胁迫对胡杨导管解剖结构的影响 ················ 74
　第三节　干旱胁迫对胡杨纹孔结构的影响 ······················ 77
　第四节　干旱胁迫下胡杨水力特性与木质部安全的权衡 ···· 80
　第五节　讨　论 ·· 84
　第六节　总　结 ·· 91

第五章 干旱胁迫下胡杨水分输送过程的综合适应策略 …… 94
第一节 干旱胁迫对胡杨木质部水分输送的影响 …… 95
第二节 干旱胁迫对胡杨水分利用的影响 …… 97
第三节 干旱胁迫对胡杨水分保持的影响 …… 102
第四节 讨 论 …… 107
第五节 总 结 …… 115

第六章 盐胁迫下胡杨叶片功能性状的协调性 …… 117
第一节 试验设计与方法 …… 118
第二节 叶片功能性状参数的变化 …… 122
第三节 讨 论 …… 135
第四节 总 结 …… 142

第七章 干旱胁迫和盐胁迫下胡杨生理特性的差异性 …… 145
第一节 试验设计与方法 …… 146
第二节 盐胁迫对胡杨生理特性的影响 …… 149
第三节 干旱胁迫对胡杨生理特性的影响 …… 155
第四节 讨 论 …… 157
第五节 总 结 …… 162

第八章 干旱胁迫下胡杨和柽柳内部水分关系的差异性 …… 164
第一节 试验设计与方法 …… 165
第二节 胡杨和柽柳内部水分关系的生长季变化 …… 170
第三节 讨 论 …… 176
第四节 总 结 …… 180

第九章 结论与展望 …… 182
第一节 主要结论 …… 182
第二节 研究价值与展望 …… 192

参考文献 …… 200

第一章 绪 论

第一节 研究背景及意义

中国干旱区内陆河流域存在着由河岸林形成的下游绿洲。胡杨（*Populus euphratica*，简称 *P. euphratica*）作为我国干旱区内陆河流域下游绿洲的优势河岸树种，在保护生物多样性和维持内陆河流域生态系统功能方面发挥着重要作用（Chen et al., 2012; Si et al., 2014）。干旱区内陆河流域由于气候干旱、降水稀少、蒸发强烈以及水资源极其匮乏，严重制约着荒漠河岸林的分布、生存和演替（陈亚宁 等, 2003; 曹文炳 等, 2004）。由于河岸林与河流之间距离的迥异，以及河流上游来水随着季节的转换而呈现出的动态变化，河岸植被所处的绿洲环境经历了显著的演变。原本湿润的环境逐渐转为干旱，并且交替出现，为这片绿洲带来了前所未有的挑战。在这种特殊的环境条件下，我们观察到许多地区的胡杨，它们的冠层树枝开始逐渐枯死，这是绿洲生态功能退化的一个明显信号，也引起了人们对绿洲生态系统健康状态的深切关注。胡杨，作为这片绿洲的重要成员，其生命力之顽强，向来为人称道。然而，它们如今却面临着前所未有的困境。目前，关于胡杨冠层树枝枯死的具体原因，科学家们仍在深入研究之中。初步推测，这可能与胡杨在干旱条件下，植物体内水分的运输机制及其相应的变化特点有关。在水分稀缺的环境中，植物必须找到一种方法来维持其基本的生命活动，这对其水力特性提出了极高的要求。对于干旱荒漠区的植物来说，它们不仅要面对恶劣的环境条件,还要在生理结构和生物化学等方面做出适应性改变。更重要的是,它们还必须具备独有的水力特性,以确保在极度缺水的条件下,依然能够生存并繁衍。因此,深入探索胡杨在干旱胁迫下的水力特性以及其对干旱的响应机制,对于我们理解并改善绿洲生态系统的健康状况具有至关重要的意义。这一研究不仅能够帮助我们更好地理解胡杨的生存策略,还能为干旱区内陆河流域植被的恢复和重建提供宝贵的科学依据。只有当我们真正掌握了胡杨等植物在干旱环境中的生存之道,才能更有效地保护并恢复这些珍贵的绿洲生态系统。

胡杨,作为黑河下游这片独特生态环境中的珍稀树种,其独特的生态价值和科研价值不言而喻。然而,对于其水力特性的研究,传统的离体测定技术虽然能够提供一定的数据支持,但这一方法却对黑河下游的胡杨生态系统造成了不容忽视的破坏。在进行此类研究时,我们必须权衡科研需要与生态保护之间的平衡,避免对珍贵的自然资源造成不可逆的损害。鉴于胡杨在生态系统中的重要性,以及《内蒙古自治区额济纳胡杨林保护条例》中对于成熟林和百年胡杨的严格保护原则,我们决定转变研究策略,将研究对象聚焦于胡杨幼苗。相较于成熟的胡杨树,幼苗的生长更为迅速,生命力也更为旺盛,且对环境的适应能力也更为突出。因此,通过对胡杨幼苗的水力特性进行深入研究,我们不仅可以更加准确地揭示胡杨对干旱的响应机制,同时也能够避免对成熟胡杨林造成不必要的破坏。在本研究中,我们将运用先进的实验技术和方法,对胡杨幼苗的水力特性进行细致而全面的研究。通过模拟不同干旱条件下的生长环境,观察胡杨幼苗的生理变化和生长状态,从而揭示其水力特性以及对干旱的响应机制。这一研究不仅有助于我们更好地理解胡杨在干旱环境中的生存策略,同时也为干旱区内陆河流域植被的恢复和重建提供了宝贵的科学依据。我们期待通过这一研究,能够为胡杨等珍稀树种的保护和生态系统的健康稳定贡献一分力量。目前针对胡杨的诸多研究,如离子吸收过程、养分吸收及转运过程、胁迫环境对光合生理过程的影响等,均以幼苗为研究对象反映胡杨的调节机制(Li et al.,2013;Ottow et al.,2005;赵春彦,2019)。目前对于一些植物如桃树、柑橘等水力特性的研究,也以幼苗为研究对象反映该树种的水力特性(Zhang et al.,2014b;Rodriguez et al.,2012)。因此,针对胡杨幼苗的研究能够反映胡杨的水力特性并揭示胡杨水力特性对干旱的响应机制。

植物体内的水分运输过程,作为其生命活动的基础,对植物的生长、结构和生态功能等方面均产生着深远的影响。水分是植物细胞和组织维持正常生理活动不可或缺的元素,从细胞层面到整个植株的层面,水分的运输和分配都扮演着至关重要的角色。在植物学中,植物的水力特性——植物体通过其内部组织系统输送水分的能力——已经被广泛研究,并被证实其与植物的抗旱性密切相关。水力特性不仅关乎植物在干旱条件下维持水分平衡的能力,还涉及其生长速度、生物量累积以及生态适应性等诸多方面。当植物面临干旱环境时,它们会展现出一系列复杂的适应性响应。这些响应是植物为了应对干旱而发展出的各种特性的组合,包括但不限于木质部空化、形态特征、光合作用和水分输送效率等(Pivovaroff et al.,2016)。植物水分输送能力的可调节性和有效性是绿洲植物从湿润到干旱变化过程中生存和正常生长的重要特征(Engelbrecht et al.,2007;Hochberg et al.,2017)。水分输送效率是影响植物在不利水环境下生存的重要因素,因此可用于预测某些物种的冠层死亡程度(Anderegg et al.,2013;Mcdowell et al.,2013)。研究植物的水力特性,可为在缺水条件下植物的生存策略提供更多有用的信息。在植物生活史中,植物水力特性具有物种特异性和动态性,植物不同部位表现出不同的水力特性。水力分割假说认为在缺水条件下植物远端部分比茎部更易产生水分输送阻碍。该假设突出了木本植物各部分在水分传输过程中阻力大小及阻力分布存在差异,反映了各部分对植物整体的水力贡献不同。对于植物各部分水力贡献的研究有助于了解植物各组成部分的水分输送能力,对于了解"土壤-植物-大气"连续体的水分输送至关重要。目前,黑河下游生态水文过程因人为干扰受到严重影响,胡杨林退化已成为该区域突出的生态环境问题,并已引起国内外学者的高度关注。以往对胡杨的研究均未显示其在生长季节的水力特性变化,也没有证据表明胡杨各器官之间的水分输送能力是协调的。因此,只有对植物自然条件下的水力特性进行分析研究,才能获得对植物水分输送过程的全面认识,为植物在正常条件下生长的生态策略提供更多的信息,为植被保护提供科学依据。

  干旱是物种生存和生态系统稳定面临的最严峻挑战之一。抗旱性与植物体内水分输送过程有关,影响着植物物种的生长发育和竞争能力(Engelbrecht et al.,2007)。水分通过植物木质部在"土壤-植物-大气"连续介质中传输,木质部水分输送是维持陆生维管植物存活的基础,其水分输送效率会影响植被的生长,降低水分输送效率可能会影响植被生存甚至导致植被衰退。关于干旱和盐分胁迫对生理和生态响应(包括气体变化、光合作用和水分利用效率)的研究表明,胡杨具有较强的抗旱和耐盐特性(Vandersande et al.,2001;Chen et al.,2011)。尽管胡杨为应对干旱而进化出了适应性特征,但对其形成的水力特性及其响应机制的认识尚不清晰。胡杨适应干旱是否与水力特性变化有关?大量研究表明干旱影响了植物的水力特性(Meinzer,2002;Willson et al.,2006;Urli et al.,2013)。干旱胁迫不仅会增加木质部的水分张力,进而增加木质部产生空化的风险,影响水分在植物体内运输的效率,而且还会影响植物木质部的解剖结构和生理特性,这些均会影响植物的水力特性。当植物处于水分不利的条件下,植物的水力衰竭可能会影响植物生长甚至导致植物死亡。为了应对干旱缺水的环境，植物通过调节解剖结构和代谢途径来增强获取和转运水分的能力(Sun et al.，2016；Sperry et al.，2002)。从解剖学和植物生理学的角度看，研究树木水力特性的变化，可以为协调植物水力特性提供额外的信息。

已有研究表明，胡杨的水力特性与地下水之间具有显著的关系，胡杨茎和根的木质部都表现出高度的易损性(Zhou et al.，2013；Pan et al.，2016)。然而，胡杨如何适应一系列连续干旱条件，其水力特性如何，尚未得到解决。干旱胁迫和盐胁迫都会导致土壤中的水分水势下降，进而导致植物细胞的水势下降，引起植物的组织细胞失水，甚至可能引起细胞死亡。水分在植物体内是通过根、茎和叶传输的，因此整个植株的水力特性是由根、茎和叶的水力特性决定的。但在极端干旱条件下，胡杨各器官间的水分转运及输送能力如何变化，以及其是否同步调整尚不清楚。因此，需要同时研究分析组成胡杨各部位的水力特性，以增加我们对植株整体水力特性的了解，且胡杨各部位水力特性可能随着环境的变化而产生不同的变化，并可能解释由于缺水而造成的冠层死亡。研究植物水力特性在干旱胁迫下的变化规律和确定其水分传输功能受限的土壤含水量，能够为胡杨的恢复以及生态需水的计算提供理论依据，对干旱及半干旱地区生态系统重建有一定的指导作用。

在内陆河下游如此极端干旱的生存环境中，胡杨能够进行长期生存并且不断繁衍，可见它的整个水分输送过程形成了适应性，具有输送能力的可调节性和响应机制的特异性，这使胡杨实现了自身与极端干旱环境的兼容。目前对于引起植物死亡机制的研究认为，自然条件下植物的死亡是由于水通量不足所引起的(Mcdowell，2011)。植物为应对干旱而进化出了适应性特征，从根系到叶片的整个水力通道的生理学和形态学将决定植物的水分输送过程(Sperry et al.，

2002)。水分有效性或供水量发生变化后,植物整个输水过程会慢慢进行调整和改变,以实现其与不断变化环境的兼容性,进而实现输水系统的适应性(Lovisolo et al.,2010)。水的获取以及水分在木质部内的传输过程,与植物的保水能力和水分利用效率密切相关,这三个过程构成了水分在植物体内的整个输送过程。干旱引起的整个水分输送过程的变化包括木质部水分传输、水分利用和水分保持等方面。三者的变化是否同步,三个过程能否相互协调和配合,这些研究能够进一步说明植物整个水分输送过程的适应性变化,能够了解植物对水分胁迫的敏感性以及为生态系统管理提供警示服务。

第二节　国内外研究进展

一、植物木质部的水分输送过程

在水势梯度下,水分从土壤经过植物根系吸收后,沿着木质部内导管从根系、茎秆再输送到叶片部位,最终通过叶片细胞转化为水汽扩散到大气中,实现了水分在土壤、植物和大气中的运行和传输,形成了统一的、连续的、动态的水分输送过程,即土壤-植物-大气连续体。植物木质部水分输送的形成源于内聚力-张力机制,该机制是一个不需要植物直接代谢输入的过程。植物吸收水分的90%并非直接用于其生长或光合作用,是伴随气孔吸收CO_2的蒸腾作用而损失的。植物根系从其周围土壤中吸收含有各种矿物质的水分,水分在植株蒸腾作用下形成了水势梯度,水分通过沿着木质部导管传输到植物体内各个部位,以满足正常生存和生长的需要(周智彬 等,2002)。在植物木质部内水分输送过程中,从根系吸水表面到叶片蒸发表面,形成一个由被水填充的导管细胞组成的输水网络。导管网络中充满的水形成了连续水柱,植物叶片的蒸腾作用会引起水分的散失,水势的下降通过连续的水柱引发一系列的牵引效应。首先是相邻细胞之间的水分牵引,水分在细胞之间传递,接着是对叶脉导管内的水分产生牵引作用,使水分在叶肉细胞与叶脉导管之间传递,进而牵引水通道的其他木质部的导管组织。拉力作用通过木质部的导管网络传递到根系细胞,并通过它们向周围土壤吸收水分。

导管内的水柱存在内聚力,对植物体内的水分产生下拉的作用。同时,叶片的蒸腾作用会引起植物体内水分的散失和水势的下降,蒸腾作用的增强引起对木质部导管内水柱的牵引作用增强,植物体内水分持续受到蒸腾拉力的作用。水柱在向下的内聚力和向上的蒸腾拉力共同作用下形成张力,同时由于水的内聚力远大于张力作用,因此能够防止水柱断裂(徐茜,2012)。蒸腾拉力是木质部水分输送的主要牵引力,正常情况下牵引力大小不超过导管内水柱的张力,当水分在木质部导管中传输的牵引力超过水柱张力时,会引起水柱断裂,这一过程会使木质部导管内形成一个空腔,附近水中溶解的气体通过纹孔结构进入导管内的空腔并使其不断扩大,导致木质部水分输送过程被阻断,该现象即为栓塞。很多学者对于木质部栓塞形成机理的认识基于纹孔结构上气泡的压力大小与引起木质部栓塞所需张力大小相同,此时,来自外界大气或邻近导管的气泡经过纹孔结构进入原本充满水的导管内形成栓塞。很多研究证明了木质部栓塞现象的存在和发生栓塞风险的严重性。干旱胁迫下植物木质部空化产生栓塞,是限制水分运输的重要因素。

水分在植物体内主要通过木质部导管进行输送,木质部导管的主要功能是为"土壤-植物-大气"连续体中水分传输提供一个低阻力的通道(Loepfe et al.,2007)。对于植物根系,其主要吸水部位是根尖,吸收的水分沿着水势梯度由高到低的方向进行两方面的运动,一是水分由根系表面向根木质部的径向运动,二是水分沿木质部导管向上输送的轴向运动(Chang et al.,2004;汪志荣 等,2004)。一般来说,根系内水分轴向输送阻力比径向输送阻力小得多,除非根很长或木质部导管空腔化形成栓塞。水分的轴向运输是指水分在植物体内通过木质部的导管网络从根部自下而上向叶片输送的过程。木质部导管是中空的管道,导管内壁对水分输送产生较小的阻力,木质部中上下导管细胞两端相连,通过穿孔"上下沟通",水分在导管上下两端的水势梯度下进行输送和流通,实现水分在木质部的轴向运输(刘晚苟 等,2001)。由于水分通过纹孔连接在相邻的导管之间流动,因此相邻导管之间存在水分径向流通。水分在植物体内木质部的传输过程是整个"土壤-植物-大气"连续体的重要组成部分。对植物水力特性的研究,不仅可充实整个"土壤-植物-大气"连续体系统的水分传输理论,而且有助于探究植物对周围环境尤其是极端环境的适应机制。

二、水力特性及其影响因素

目前,国内外一些研究认为植物木质部水力特性对植物抗旱性具有重要的意义,植物水力特性能够体现植物体内木质部进行水分输送的能力。由于木质部水分输送效率是影响植物在不利水环境中表现的重要因素,因此它可以成功地预测某些物种的冠层死亡程度(Mcdowell et al.,2013;Anderegg et al.,2013)。通过对水力特性及其变化的研究,可以为协调植物水功能性状和植物在缺水条件下生存的生态策略提供更多有用的信息。在植物生命周期中,其水力特性具有高度的可调节性和动态性,不同植物的水力特性具有自身特异性,同时植物不同部位的水力特性表现出不同的特征。导水率(绝对导水率)可以用来表征植物木质部水分传输能力的大小,它是反映植物水力特性的常用测量参数。水分经过根系吸收后进入木质部输送,经过根木质部、茎木质部和叶片木质部。导水率等于通过一个茎段的水流量与该茎段引起水流动的压力梯度的比值。由于相对粗壮的茎杆中水分疏导组织较多,在压力梯度一定的情况下,当植物茎段越粗时,水分单位时间内通过茎段的流量越多,即水分输送能力越强,测量得到较高的导水率。木质部水分传输能力较强的部位是导水率值较高的部位(李吉跃 等,2000)。除了导水率(绝对导水率),比导率也是反映植物水分输送能力的重要物理参数。比导率能够反映植物及其各部位向单位面积叶片供水能力的大小,它是由导水率除以总叶面积计算得到的,是相对于单位面积叶片的供水效率。水分经过根系吸收后进入木质部输送,经过根、茎和叶片木质部,离开叶片木质部后,水分穿过束鞘细胞,然后穿过细胞壁和细胞膜,最终进入叶片内部的叶肉细胞。由于植物最终向叶片供水的能力与植物生存密切相关,因此比导率值的变化能直接影响植物的生存和竞争(Sack et al.,2005;Sack et al.,2006)。

由于植物各部位对水分输送能力不同,因此在植物木质部的水通道组成中,各部位在水分输送过程中产生的阻力不同。基于植物各部位具有不同的水力阻力,齐默尔曼首先提出了水力分割假说,即木本植物由于远端器官具有较大水力阻力,可能成为整个植株水分输送的瓶颈(Sack et al.,2006)。水力阻力最大的器官成为最脆弱的器官,这些脆弱的器官(叶片或叶柄)能够起到安全阀的作用(Chen et al.,2009)。早期对一些散孔材树木的研究表明,木质部导管直径随树高和枝条增长而减小,则叶片和末端小枝水分传输效率较低,具有明显的水力阻力作用。在木本植物中,水分传输阻力主要集中在那些末端分枝内,即末端分枝导水率较小,这是一种普遍的水力结构模式。如果在不利的水分条件下,远端器官如叶片和末端小枝等水分传输效率较低,相对其他部位其在整个植株体的水力阻力较大,植物主茎等主体部分会通过分离这些水力阻力大的器官,保存水力阻力小的器官以维持其在逆境中的生存。在干旱胁迫下,以胡杨、柽柳为主体的荒漠河岸林植物主要是通过牺牲劣势枝条,提高部分竞争力强的优势枝条的水分输送能力,来确保整株植物的存活机会(陈亚宁 等,2016)。水力阻力大的部位在干旱条件下更容易受到空化的破坏,多项研究表明,叶片部位比茎杆部位更容易受到干旱引起的空化,引起木质部栓塞,导致木质部水分输送能力的降低(Choat et al.,2005;Hao et al.,2008;Jones et al.,2010)。水力分割假说突出了植物的各部分对植株整体水分传输过程的水力贡献。各部分对整个植株的水力贡献对"土壤-植物-大气"连续体有很强的影响,对其研究比对各部位孤立的研究更有意义。植物水分传输能力的降低会影响整个植株体内水分输送过程,可能会引起植株部分或者整体的死亡。已有研究证实,干旱阻碍了植物体内水分输送过程,引起了植物水力功能衰退,从而致使整棵树或大部分树冠死亡(Corcuera et al.,2004)。水力功能衰退是由于木质部栓塞导致的水分从根系运输到冠层的能力减弱甚至完全丧失,即在干旱胁迫情况下,空气进入木质部水分传输通道,使本身充满水的导管因大量空气注入而广泛堵塞,大量栓塞的积累将引起木质部水分运输功能失调,甚至最终导致植物死亡(Brodribb et al.,2009)。

影响植物水力特性的因素包括两方面:一是外在因素,包括水分状况、养分条件、盐分状况、通气状况、CO_2浓度、温度以及光照。二是内在因素,包括植物形态结构、渗透势、栓塞化等。这些因素中的任何一个都可能影响植物的水分传输效率,通常内、外两种因素会产生互动作用,即外因会引起内因的变化。植物的水力特性会因水分和养分有效性(Cruiziat et al.,2002;Ewers et al.,2000)与辐照度(Barigah et al.,2006)等的外界环境条件的变化而变化。通过对叶片水分输送效率对温度(Matzner et al.,2001;Cochard et al.,2007;Sellin et al.,2007)和光照(Scoffoni et al.,2008;Voicu et al.,2010)的响应进行一定的研究,发现温度和光照是影响叶片水分输送能力的重要环境因子。提高温度和光照对叶片水分输送能力的快速增强作用依赖于叶片组织的变化,光照能够快速激活叶片细胞中的质膜水通道蛋白(Voicu et al.,2010;Cochard et al.,2007)。近年来的研究表明,外界光环境能够长期调控根和叶的水力特性(Sack et al., 2005)。也有研究表明,葡萄、北美红栎、北美鹅掌楸等的幼株木质部水分输送效率与土壤水分条件有密切的关系。植物在遭受干旱胁迫后,形态结构会发生直观的变化,故对植物形态特征的研究有助于了解植物对周围环境的适应能力。试验证据表明,除"土壤-根-叶"整个输水路径长度对木质部水分输送效率产生影响外,植株的冠层结构及其变化还可能决定整个植株的水分输送效率(Becker et al., 2000)。不仅植物的外部形态会受到外界环境条件的影响,其内部解剖结构也会受到外界环境的影响,这些内在和外部产生的影响使植物具有可塑性,植物对环境因素反应的可塑性包括形态解剖学上的变化。木质部导管承载着水分运输的重要作用,故木质部发达的输水组织有助于实现高效的水分输送效率。木质部导管构成了植物体内的水分运输网络,解剖结构及特征的调整是植物调节水力特性的基础,解剖结构及特征会在干旱环境下产生变化,相应地会引起其水力特性的调整变化。Barigah 等(2006)指出,六种林木树苗种植在不同辐射照度下调整了木质部导管尺寸和根冠比。Nardini 等(2005)指出,适应遮阴条件的木本植物和草本植物,其叶脉导管较窄,叶片的水分输送效率低于喜光植物,这一特征被解释为阴生植物需水量低的结果。木质部导管表面存在纹孔微结构,植物木质部的水分输送效率除受到木质部导管大小的影响外,也受到木质部导管纹孔微结构及其特征的影响(伊丽 等,2017)。由于导管表面的纹孔微结构对木质部汁液离子浓度敏感,故木质部的导水率随木质部汁液离子浓度的升高而增大,随木质部汁液离子浓度的降低而减小(Van et al., 2000;Zwieniecki et al., 2001)。木质部汁液的离子浓度升高时,更多的离子与导管壁的果胶结合,引起果胶收缩,导致导管表面的纹孔增大,从而增加孔隙率,提高木质部导管的水分输送效率。如果木质部汁液的离子浓度降低,一些离子就会从纹孔直径膜果胶中释放出来,导致果胶膨胀,导管表面纹孔减小,则会降低木质部导管的水分输送效率(Zwieniecki et al.,2001)。木质部汁液的离子浓度会随着环境的变化而发生显著变化(Siebrecht et al.,2003),通过一年中每月测量野百合的离子敏感性,发现野百合的离子敏感性有显著的季节性变化(Gascó et al.,2007)。离子浓度对木质部导水率的影响可能是木质部水分输送效率对环境变化进行生理调节的重要原因。

三、水分传输效率与木质部安全性

对于维管植物,水分在木质化导管的负压下进行输送,同时在声学上探测空化事件的技术证实了木质部水分运输过程可以在较大的负压下进行。从物理角度看,木质部进行水分运输时,木质部的安全性存在两个方面的风险:水柱倒塌和导管壁倒塌。植物木质部为了以与蒸腾速率相应的速率输送水分,木质部的压力必须远低于水的蒸汽压,这时通过木质部的水分运输就会处于亚稳态(即处于动力学而非热力学的平衡状态),存在容易使导管发生空化和栓塞的风险(Stroock et al.,2014)。这是因为处于亚稳态的液态水由于气泡纹孔直径的膨胀而被水蒸气取代,因为张力不能通过气体传递,这种情况下不能防止栓塞状况的发生,所以在这样的条件下易发生水汽分裂,破坏木质部的连续水柱,形成栓塞或空气堵塞,从而破坏了水分输送过程(Brodribb et al.,2004;Choat et al.,2012)。木质部导管承载着大多数的水分运输,发达的输水组织有助于实现高效的水分输送效率。先前有研究证实,木质部导管的直径和形状与木质部安全性之间不存在权衡关系,即两者无关。然而,一些学者认为,虽然直径较大的导管具有更加高效的水分运输效率,但导管直径的增大相应会增加栓塞的风险,导致木质部安全性降低。研究认为,水分传输效率与木质部安全性除了受导管分布状况和导管直径的影响,同时还受纤维素和管胞特征、纹孔结构和导管壁特征的影响(Martinez et al.,2002;

Mcculloh et al.，2005）。当植物暴露于严重干旱环境中，其环境压力超过物种特定的阈值时，其木质部导管就会发生栓塞现象。这一特定阈值是由木质部导管壁的纹孔结构决定的，因为栓塞被认为是由气泡通过这些纹孔的吸入造成的。有研究表明，木质部的传输效率与纹孔结构有关，空化引起的栓塞会使导管内水分外流，此时纹孔结构特征的调整能够促使导管内气泡溶解甚至消除，以及产生水压隔离阻止导管内水分外流（Zwieniecki et al.，2000）。纹孔结构在一定程度上决定了导管发生栓塞的脆弱性，导管壁纹孔直径越大，纹孔膜的透气性越好，木质部就越容易发生空化而引起栓塞。同时，导管中的负压对木质部功能有其他影响。由于在导管壁上施加有一定的作用力，如果导管壁机械强度不足，木质部导管不能承受来自负压的作用力，它们就会向内变形或坍塌，导致导管有效水力半径减小，会显著降低木质部的水分输送效率。一些学者在针叶树叶木质部结构研究中，观察到了导管的变形（Cochard et al.，2004；Zhang et al.，2014a；Brodribb et al.，2005）。此外，有研究表明，木质部水分输送效率、导管易塌陷性和导管壁加厚的成本之间存在权衡关系（Cochard et al.，2004）。在被子植物中，木质部导管壁机械强度（被认为是导管壁塌陷的预测指标）已被证实在木质部张力增加时与木质部水分传输能力的调节有关（Blackman et al.，2010）。

四、干旱对植物整个水分输送过程的调控

对于一般的高等植物而言，水分是植物体最重要的组成部分，占植物鲜重的80%~90%。植物体内的水分状况及木质部水分传输过程与其生理过程及生长发育关系密切，并且对外界环境水分条件的改变响应敏感，其对水分环境变化的适应性及耐旱性是多年生木本植物的重要特点（Beikircher et al.，2009）。近年来，对干旱胁迫下植物整个水分输送过程调控的研究对于植物适应性和耐旱性研究非常

重要。水分有效性或供水量变化后,植物体内整个水分输送体系会进行一定的调整和改变,以改善其与不断变化的外界环境的兼容性,以实现对整个水分传输过程的适应(Lovisolo et al.,2010)。植物从根系到叶片的整个水力通道的生理学和形态学将决定植物体内整个水分传输过程(Sperry et al.,2002)。

1. 干旱胁迫下木质部水分传输的调节

不同植物对干旱胁迫的响应是不同的,这取决于植物的水分利用策略(Bréda et al.,2006;Awad et al.,2010)。很多研究证明,植物主要通过调整其木质部导水能力来适应干旱胁迫环境或其他不同的水分环境,不同植物木质部水分输送效率对干旱的响应也不同。在干旱胁迫下,柔毛桦幼株能够保持较高的叶片相对含水量,同时它通过使根系保持高效水分输送能力来补偿蒸腾耗水量。同样,生长在干旱地区的西部黄松的水分输送效率高于生长在湿润地区的该物种(Maherali et al.,2000)。植物体内过度缺水时会产生一种与水通道蛋白活性相关的信号物质,这种物质能够为水分传输提供较低的活化能,可以提高细胞膜对水的渗透性,从而增大植物体内的水分输送效率。在干旱胁迫下,一些植物根系能够保持甚至增加水分输送效率,这可能是这些植物避旱对策的基础;相反,一些植物如臭椿等通过减少叶片耗水和降低根系水分输送效率,利用高效节水的机理来应付干旱胁迫环境(Trifilo et al.,2004)。有研究表明,干旱胁迫会降低植物导水率,导致叶片水分亏缺、气孔开度减小并抑制生长。干旱胁迫使土壤水分含量过低,引起土壤水势不断降低,水分从土壤向根系输送的阻力增加,同时能够不断强化根表皮结构的木栓化程度,引起根系水分输送效率降低。刘晚苟等(2004)通过对玉米水分传输效率的研究发现,干旱对玉米根系产生了显著的影响,使根系结构发生改变,从而使根系木质部栓化加剧,水分传输阻力增加,导致根系水分输送能力减弱。一些研究证实,植物水分输送效率较高时对应的水势值同样相对较高,下降的水势会引起导管内部水分传输阻力增加,水分输送效率就会降低,从而能够限制植物水分散失过程(杨启良 等,2011)。植物在干旱环境中能够调节气孔张开的大小及程度,以及调节植物水分传输的效率,这些调控过程对体内水分平衡状态的维持产生着关键影响(李凤民 等,2000)。此外,蒸腾拉力是木质部水分输送的主要牵引力,正常情况下牵引力大小不超过导管内水柱的张力,干旱加剧会导致水分在木质部导管中传输的牵引力超过水柱张力,会引起水柱断裂,这一过程会使木质部导管内形成一个空腔,附近水中溶解的气体通过纹孔结构进入导管内的空腔并使其不断扩大,导致木质部水分输送过程被阻断,这一现象在处于干旱环境的植物中较为常见(Meinzer et al.,2001;Domec et al.,2006)。水分胁迫对根系水分的输送有不利影响,可以引起木质部导管的空化和水通道蛋白失活(Sack et al.,2005),进一步,植物干旱脱水会导致其导管栓塞,管壁松弛,严重脱水时,导管壁完全塌陷(Cochard et al.,2004)。叶片水分输送效率对水分胁迫非常敏感,随着叶片水势的降低,水分输送效率逐渐下降,这可能是由于空化诱导的叶脉栓塞所致(Nardini et al.,2003),甚至可能导致叶脉塌陷(Kim et al.,2007)。

2. 干旱胁迫下水分利用的调节

植物整体的水分状态取决于吸收的水分与散失水分之间的相互关系,即植物对水分的利用水平及利用程度。植物吸收水分的驱动力主要是由蒸腾作用产生的,植物根据土壤水分的有效性,实现对这些水资源的利用,且必须考虑蒸腾作用和供水之间的平衡(Fitter et al.,2012;Sperry et al.,2002)。干旱胁迫下的植物要维持正常的生理活动和功能,就必须通过自身调节,保持植物组织细胞在干旱下的膨压与气孔开度(Chartzoulakis et al.,2002;Kume et al.,2007),并且通过增加水分吸收与减小水分损失来应对进一步的干旱胁迫(Bargali et al.,2004)。已有研究表明,在干旱胁迫下,植物会减小叶面积并通过气孔控制降低气孔导度以减少蒸腾耗水,进而避免干旱胁迫下植物组织脱水(Liu et al.,2002)。干旱胁迫下,伴随着土壤水势、土壤水分有效性和植物叶片组织含水量的下降,叶片气孔会关闭,以防止更多水分散失,避免叶片组织失水(Gindaba et al.,2004)。有许多研究显示,植物的水分利用效率会随着水分胁迫的增强而增加(Rodiyati et al.,2005;Bacelar et al.,2004;Gonzáles et al.,2008),但是关于植物水分利用效率随干旱胁迫强度的变化过程及生理学机制还不清楚。同时,基于不同的物种及不同胁迫程度下的试验得出了完全相反的结论:一些研究表明,在初期轻度胁迫下植物的水分利用效率会降低,而在严重胁迫下植物的水分利用效率则会提高(Arndt et al.,2001);然而大量试验证明中等程度干旱能使植物提高水分利用效率,而重度干旱则会降低其水分利用效率(杨建伟 等,2004;郭卫华 等,2004;张光灿 等,2004)。针对干旱胁迫产生的不同的水分利用效率,其响应可能与不同物种的干旱适应能力差异有关,包括在干旱胁迫下不同植物气孔导度等的响应变化等差异(Rieger et al.,2003;接玉玲 等,2001;邓雄 等,2003)。长期处于干旱胁迫下的植物叶片的栅栏组织、输导组织、贮水组织和机械组织往往比较发达(胡云 等,2006)。胡杨在干旱胁迫下,叶脉的机械组织非常发达,这不但能够增强植物的机械支撑能力,还可以减少水分蒸发(郑彩霞 等,2006);通过对棉花干旱胁迫适应性的研究发现,与干旱未适应的棉花叶片相比较,形成干旱适应的棉花叶片的表皮细胞体积比较大,而且排列相对紧密(张向娟,2014)。干旱胁迫下,有些植物叶脉和维管束体积会发生改变,在结构上向 C4 途径转变,以此提高水分利用效率来适应干旱胁迫环境(龚春梅,2007)。植物需要调节自身的适应能力以应对不利的生境形成形态适应,这是植物在器官乃至整体水平上响应逆境的重要机制之一(Potters et al.,2007)。

3. 干旱胁迫下水分保持的调节

干旱胁迫下,土壤水分亏缺加剧,土壤水势随之下降,植物为保证从土壤中继续吸收水分,就必须使自身维持较高的渗透调节能力,降低自身水势,保证土壤-植物连续体维持一个正常的水势梯度(Chartzoulakis et al.,2002;Kume et al.,2007)。许多植物迅速增加有机溶质的含量参与渗透调节,应对外界压力从而保护细胞,使其继续从低水势条件下有效吸水(Zeng et al.,2009)。细胞质中糖类和氨基酸等有机化合物的积累在植物渗透调节中起着重要作用。当植物受到干旱胁迫时,植物组织内部便会迅速累积脯氨酸。因为脯氨酸具有分子量低且水溶性高的特点,是植物组织内一种理想的渗透调节物质。植物通过体内脯氨酸的积累,提高渗透调节能力,保持细胞内外渗透平衡,维持渗透势,防止水分流失,进而增强其抗旱性(潘莹萍 等,2018)。可溶性糖的增加可以提高细胞渗透压,维持细胞膨压,稳定细胞构象中的酶活性(Aishan et al.,2015)。可溶性糖能够作为渗透保护剂,发挥稳定蛋白质和细胞膜的作用。三角叶杨中葡萄糖和果糖的积累能够降低叶片的渗透势,从而有助于使细胞在水分胁迫下保持膨压状态。可溶性糖由于具备高度水溶和低毒等特性而成为植物遭受干旱胁迫时的一种重要渗透调节物质(Bacelar et al.,2006),它不但可以参与渗透调节作用,而且还有助于干旱胁迫过后植物的恢复过程(Chaves et al.,2002)。对胡杨(陈敏 等,2007)、刺槐(毛培利 等,2008)等的研究,也均发现干旱胁迫下植物可溶性糖的大量积累。无机离子也是植物体内重要的渗透调节物质,无机离子的积累可以用来参与渗透调节,降低渗透势,以提高植物渗透调节能力。在干旱胁迫下植物体内无机离子可主动进行积累,使细胞容易从外界低水势的介质中进行吸水。其中,K^+是维持植物细胞渗透压最主要的无机离子,K^+的积累不但有利于植物保持酶活性,还能促进脯氨酸等物质的积累(魏永胜 等,2001);Ca^{2+}是参与植物细胞内生理反应的重要物质,它可以通过稳定细胞膜结构,提高植物抗逆性;Mg^{2+}也是植物体内主要的无机离子,它能够参与植物体内多种生理代谢活动,是细胞内重要的酶活化剂,对植物的生理活动起到促进作用。

  在干旱环境中,植物除了进行渗透调节,抗氧化防御作用也非常重要。有研究证明,两者之间存在互补机制(靳淑静,2009)。干旱胁迫等不利环境条件,能够诱导植物体内产生更多的活性氧,导致植物体内活性氧大量增加(Hasegawa et al.,2000)。这是因为干旱胁迫会导致气孔关闭,降低叶片中CO_2的有效性,抑制碳的固定,使叶绿体暴露在过度的激发能下,从而增加活性氧的生成,引起氧化应激。植物通过抗氧化防御系统来减轻体内过量活性氧的积累对植物造成的损害程度,产生抗氧化酶是植物体内抗氧化防御系统的主要手段,主要的抗氧化酶包括超氧化物歧化酶(SOD)、过氧化氢酶(CAT)和过氧化物酶(POD),这些保护酶用来清除O^{2-}和H_2O_2的毒害作用(Chen et al.,2010)。在水分胁迫下,抗氧化酶活性的增加可能表明活性氧的产生增加,并形成一种保护机制,以减少由植物经历干旱胁迫所引发的氧化损伤(Meloni et al.,2003)。通过对典型农作物水稻抗逆性的研究表明,在干旱条件下植物的抗氧化胁迫能力和抗逆性会随着植物体内SOD活性的增强而增加,同时对干旱环境中青杨、元宝枫及杨树等林木的抗旱性研究也表明,植物体内SOD活性增强的树木表现出更强的抗旱性(杨建伟 等,2004)。有学者指出,干旱胁迫下酶活性呈先增加趋势,随着胁迫时间延长,酶活性会逐渐降低,这可能是由于植物受到干旱胁迫危害的程度超出了其抗氧化酶清除自由基的能力(彭立新 等,2004)。也有研究表明,土壤水分亏缺并不会导致胡杨活性氧含量的增加以及抗氧化酶活性的变化(万东石 等,2004),相反,对杜仲枝条受水分胁迫的研究表明,其叶片SOD活性随水分胁迫程度加大而降低(文建雷 等,2000),这些抗氧化酶活性的不同变化趋势可能是由于不同酶的活性变化会因水分胁迫方式、胁迫程度及持续时间的不同而存在差异(吴志华 等,2004)。

五、盐胁迫对叶片功能性状的影响

盐渍化土地的问题已成为全球关注的焦点,其面积约占全世界陆地面积的 7.6%,这一数字令人触目惊心。中国作为世界上主要的盐渍化土地国家之一,盐渍化问题尤为突出。我国大部分盐渍化土地集中分布在西北的干旱区,那里水资源匮乏,生态环境脆弱。盐胁迫,作为干扰植物生产力和生长的重要环境因素,对植物的生长和生存构成了巨大威胁。在盐胁迫环境下,植物的生长下降、生产力降低,甚至面临死亡的风险(Shamsi et al.,2020;Yang et al.,2021)。尤其是在半干旱和干旱的土地上,盐通过蒸散作用逐渐积累到土壤表层,形成有毒的浓度,对植物的生长和生存造成了更大的压力(Deinlein et al.,2014;Yu et al.,2020)。然而,就是在这样的逆境中,胡杨这一树种以其极强的适应性展现出了顽强的生命力。胡杨是一种适应性极强的树种,能在不利的环境下生长,以维持其生态功能。它们可以在盐水和干旱环境中持续生长数十年甚至数百年,成为生态环境中的一道亮丽风景线(Chen et al.,2012;Si et al.,2014)。然而,土壤盐渍化的不断增加,使得胡杨等树木的生长受到进一步的抑制,植物死亡的风险也随之增加。为了应对这种环境压力,植物会相应地改变其功能性状,以适应这种不利的环境(Zhang et al.,2022)。

植物叶片功能性状与植物生物量及其对资源的获取和利用密切相关,具有测量简单、可操作性强、能较好地反映植物的生理功能等特点。叶片功能性状是植物必不可少的功能性状之一,是理解树木对环境的协调适应机制的关键研究点,叶片功能性状的协调对实现植物的生理、生态和生存策略至关重要(Derroire et al.,2018;Zhang et al.,2022)。一些研究对树木响应的理解强调了水力功能完整性对树木生存的重要性,以及水力故障可能导致多个树木类群的树木死亡的事实（Adams et al.，2017；Powers et al.，2020）。叶片被认为是植物液压系统中至关重要的水力瓶颈，在早期的研究中，叶片的水力阻力约占全植株阻力的30%～80%（Liu et al.，2014；Pan et al.，2016；Li et al.，2019）。叶片的水力功能对土壤水势非常敏感（Pan et al.，2016），导致干旱和盐胁迫的变化。因此，叶片水力性状是植物水分传导的重要指标，关系到环境胁迫下的水分传递效率和安全。在盐胁迫环境下，叶片的水力性状会发生变化，以适应土壤水势的变化，维持植物的正常生理功能。除了水力性状外，叶片的经济性状也是研究树木对盐胁迫响应的重要方面。过去的研究也解释了由于二氧化碳固定和碳代谢紊乱甚至碳饥饿导致的非结构性碳水化合物的致命消耗导致树木死亡的生理原因（Anderegg et al.，2012）。叶片的经济性状与碳投资和碳回报密切相关，影响到碳分配中液压系统的构建（Petit et al.，2016；Dong et al.，2018）。已经证明，寿命较短的器官需要更少的经济投资和建设资源，可以根据植物建设经济学很容易地进行重建（Pivovaroff et al.，2014）。在盐胁迫下，植物可能需要调整其叶片的经济性状，以优化资源的利用和分配，提高其对逆境的抗性。由于气孔可以将水分解吸和气体交换结合在一起，因此叶片水力性状和经济性状在叶片尺度上存在一定程度的耦合关系（Choat et al. 2018；Yin et al.，2018）。在叶片层面，树木的水力性状和经济性状之间存在权衡，影响植物的生存和对环境的适应（Liu et al.，2019；Yin et al.，2021）。因此，叶片的水力性状和经济性状在适应盐度环境中可能存在耦合协调。

  盐环境会对细胞生长和渗透调节等胞内特性产生直接的有害影响，过去的研究也解释了树木死亡的生理原因，即无收缩能力的致命组织脱水（Anderegg et al.，2012）。叶片胞内特性也是研究盐胁迫下植物响应的重要方面，叶片胞内渗透调节和抗氧化防御作为重要的叶片胞内特性，需要对其进行研究，并将其与盐胁迫下的性能联系起来。渗透调节是对离子积累诱导的渗透胁迫的一种常见反应,它影响植物的细胞收缩性状,通过维持或增加细胞内相容溶质来对抗膨胀的丧失(Per et al.,2017;Meena et al.,2019;Moukhtari et al.,2020)。脯氨酸和可溶性糖作为植物中重要的细胞内相容溶质,在植物的渗透调节和逆行演替能力中发挥着关键作用,其含量与植物的渗透调节和逆行演替能力密切相关(Zelm et al.,2020;Shamsi et al.,2020;Afefe et al.,2021)。此外,盐离子积累引起的植物细胞内活性氧(ROS)的形成会损害细胞收缩性并破坏代谢过程(Flowers et al.,2015;Hussain et al.,2015;Ma et al.,2019)。植物可以通过酶防御机制来保护自己免受 ROS 诱导的氧化损伤,而在酶防御机制中起关键作用的抗氧化酶的激活对于抑制细胞内毒性 ROS 水平至关重要(Hishida et al.,2014;You et al.,2015;Hamada et al.,2016)。因此,无论是酶的防御机制,还是渗透调节,都是叶片胞内特性研究的重要方面。气孔行为也是影响植物对盐胁迫响应的重要因素,气孔控制着植物的气体交换和水分解吸过程,对渗透调节和 ROS 积累都有影响(Cao et al.,2014;Hartmann et al.,2016;Karst et al.,2017)。在盐胁迫下,气孔的行为会发生变化,以调节植物的水分平衡和渗透压,同时减少 ROS 的积累,保护细胞免受氧化损伤。早期的研究还表明,叶片水力性状受到细胞收缩变化的影响,进而影响木质部导管水分通路的通透性(Scoffoni et al.,2008)。因此,叶片的水力性状、经济性状和胞内特性在适应盐度环境中存在耦合协调的关系。它们相互关联、相互影响,共同构成了植物应对盐胁迫的复杂机制。

　　了解叶片功能性状在盐度环境下的协调关系,对于整体感知植物对逆境的抗性机制至关重要。叶片的功能特性是连接外部环境和植物的纽带,对植物在环境变化中的性能提升有着重要的影响。叶片功能性状的变化反映了干旱区河岸植物在不同盐胁迫条件下的抗逆性和适应性。通过对这些叶片功能性状的研究,我们可以更深入地了解植物在盐胁迫下的适应机制,为植物的生长和生态保护提供科学依据。同时,这也为我们在干旱和盐渍化土地上进行植被恢复和生态建设提供了重要的理论支持和实践指导。

六、干旱和盐分对植物生理特性的影响

随着全球气候变化日益加剧,环境因子对植物生理特性的影响逐渐成为研究热点。植物作为生态系统的基石,其生长和繁衍受到多重环境因子的共同制约。植物在不同生长环境中面临的逆境因子不同,越来越多的研究趋向于探讨多重环境因子与植物生理特性的关系。其中,水分是植物生命活动不可或缺的生态因子,对植物的生长和生理过程具有深远的影响。水分不仅直接参与植物体内的各种生理活动和代谢过程,还是植物生长变化的重要驱动力。它的充足程度,直接关系到植物的光合作用、水分代谢以及物质运输等核心生理过程。植物在受到干旱胁迫时,往往会导致其生理活动减弱,进而对植株的生长发育产生负面的影响。为了应对这种不利环境,此时植物常会采取相应的策略,如调整代谢途径、优化资源分配等,使自身向有利于适应外界环境的方向发展,以确保自身的生存和繁衍。同时,盐胁迫也是植物生长过程中常见的逆境因子之一。植物耐盐性是指植物对盐胁迫的耐受能力,植物通过自身的生理代谢变化来适应进入细胞的盐分以抵抗危害,它体现了植物在逆境中的生存智慧(潘瑞炽 等,2001)。当植物遇到盐胁迫时,它们会通过改变自身的生理代谢来适应这种不利环境,这包括调整渗透压、积累抗氧化物质以及改变细胞膜结构等,以减少盐胁迫对植物造成的损伤。在干旱和半干旱地区,水资源极其匮乏,且土壤盐渍化现象日益严重。植物遇到盐胁迫或者干旱条件时,需要对盐胁迫和干旱胁迫做出一系列生理调节反应,减少因盐胁迫和水分亏缺等不利环境对其造成各种损伤,并且做出最有利于生存过程的选择,从而形成生态适应(时丽

冉 等,2010)。这使得植物耐盐性和抗旱性的研究显得尤为重要。这些研究不仅有助于我们深入了解植物在逆境中的生存策略,还能为干旱和半干旱地区的植物保护、恢复和生长管理提供指导。

以往的研究表明,逆境环境中植物体内抗氧化物质会被合成和积累以消除逆境等环境的不利影响,同时不会对其本身造成伤害,以增加对环境的适应性;同时,渗透调节物质能够维持细胞保水性以及植物吸水能力,在植物抗逆性中发挥重要作用。此外,植物在逆境中体内生成的膜质过氧化产物会与蛋白质和核酸反应,从而破坏膜结构,影响细胞膜系统的结构和功能(刘振林 等,2004;裘丽珍 等,2006;李合生,2006;史军辉 等,2014;赵春彦 等,2022)。可见,植物进行耐盐和抗旱的生理响应过程往往涉及植物的抗氧化酶系统、渗透调节系统和细胞膜系统等,植物通过自身生理代谢调节这些生理系统,确保细胞的正常生理功能,来适应甚至抵抗盐分和干旱的危害。这些系统在植物抗逆性中发挥着关键作用,它们通过协同作用,确保植物在逆境中能够维持正常的生理功能。抗氧化物质在植物体内扮演着清除活性氧自由基、减轻氧化损伤的重要角色。在逆境环境中,植物会合成和积累这些抗氧化物质,以增强自身的抗逆性。渗透调节物质则能够维持细胞的保水性,确保植物在干旱条件下仍能保持正常的生理功能。而细胞膜系统则是植物应对逆境的第一道防线,它能够感知和响应环境变化,并通过调整膜结构和功能来适应逆境。黑河是中国西部最大的内陆河之一。胡杨是中国极端干旱区荒漠河岸林的主要建群种,对于改善黑河下游生态环境、保护生物多样性等方面具有极为重要的作用,是维系黑河下游"绿色走廊"生态系统功能的主体。由于人类活动不断影响着黑河下游水文过程,致使河流从上游到下游不断变窄直至断流,加之土壤含盐量不断升高,河岸植物长期遭受干旱胁迫和盐胁迫(刘蔚 等,2012),绿色走廊逐渐萎缩。胡杨林退化已成为影响区域生态环境的突出问题,盐胁迫和干旱胁迫是影响胡杨生存环境的重要原因，研究胡杨在盐胁迫和干旱胁迫下如何通过生理调节机制适应外部生存环境，对于黑河下游胡杨幼苗的培育和恢复具有非常重要的意义。为了更好地揭示植物在盐胁迫和干旱胁迫下的生理调节机制，我们需要对植物的抗氧化酶系统、渗透调节系统和细胞膜系统等进行深入研究。通过对这些生理系统的深入研究，我们可以更全面地了解植物在盐胁迫和干旱胁迫下的生理调节机制。因此，对能够影响植物抗氧化酶系统、渗透调节系统和细胞膜系统的抗氧化物质、渗透调节物质、膜质过氧化产物进行分析，可较为全面地认识植物在盐胁迫和干旱胁迫下的生理调节机制，从而能够了解植物适应不同逆境的内在机制的差异性，还能为植物资源的合理利用和生态保护提供理论支持。

七、干旱对植被内部水分关系的影响

荒漠河岸林，作为干旱内陆河下游天然绿洲的主体，其生存状态与整个生态系统的健康息息相关。随着近年来人类对干旱区水文过程干扰的日益加剧，荒漠河岸林的退化问题愈发凸显，已经引起了国内外学术界的广泛关注和深入研究。荒漠河岸林的生长与分布，深受水分利用程度的影响，它们通过根系深扎、叶片形态调整等方式，最大限度地获取和利用有限的水资源。荒漠林生态系统是森林生态系统的组成成分之一，对于生态环境脆弱的荒漠地区，荒漠林生态系统的稳定就显得尤为重要。尤其在自然条件和气候等多重因素的影响下，灌木往往成为荒漠林的主要构成成分。它们凭借多分枝的茎和强大的树冠防风能力，为荒漠地区的环境稳定作出了巨大贡献。干旱地区的绿洲，不仅是人类生存和发展的宝贵资源，更是生态系统中的重要一环。

除广为人知的胡杨外，柽柳也是这些绿洲中的优势种之一。作为温带荒漠地区常见的灌木或小乔木，柽柳以其出色的耐干旱、耐盐碱、抗风沙等特性,是荒漠地区重要的防风固沙植物,构成绿洲外围防风固沙的一道天然屏障,成了干旱区内陆河流域河流廊道植被的主体,在生态结构、功能及植被景观格局中占主导地位。它们不仅有助于减缓荒漠化进程,还构成了独特的荒漠河岸柽柳林生态系统,对维护生态服务功能的稳定、维持生态系统平衡和保护生物多样性具有重要意义。

干旱是物种和生态系统面临的最严峻挑战之一。抗旱性与植物体内的水分关系有关,它是影响植物物种生长发育和竞争力的重要因素(Engelbrecht et al.,2007)。然而,随着全球气候变暖和水资源短缺问题的加剧,干旱胁迫对植物的影响日益显著。许多学者针对植物叶片对水分条件动态变化的响应进行了深入研究,并取得了一定的成果。例如,干旱胁迫环境会导致叶片厚度增加,叶片的机械组织增强,网状叶脉发达,维管束鞘细胞增大。植物在中生、湿生环境中往往会分化出凸透型的表皮细胞,疏松的海绵组织以及较薄的栅栏组织。这些变化有助于植物在干旱环境中更好地吸收和储存水分,维持正常的生理功能。这些研究集中在植物对干旱胁迫的形态特征等外在表现方面,除形态特征的变化外,植物体内的水分关系及其变化也是研究的重要方向,而目前学者对于植物内部水分关系及其变化的研究相对较少。

气孔导度、水力特性和水分状态等因素共同决定了植物枝条的水分关系。气孔是限制水分从叶片向大气流失的主要途径,气孔控制使植物能够在波动的环境条件下进行碳同化、呼吸和蒸腾,气孔导度的变化可以反映植物生长季节水分关系的变化(Hetherington et al.,2003)。当土壤-叶片途径中水分不足导致木质部水分紧张时,植物可能通过调节气孔导度来应对(Cernusak et al.,2001)。植物必须保持水分的流动,而气孔对环境变化的快速响应是维持水分流动的重要特征(Raven,2010)。在干旱胁迫下,植物可能通过调节气孔导度来减少水分流失,维持体内水分的平衡。气孔作为植物与环境交换气体的主要通道,气孔导度的变化可以反映植物对水分条件的适应和调节能力。水力特性则是植物抗旱性的重要体现(Cochard et al.,2009)。耐旱植物通常具有适应干湿波动的环境能力,以及在干旱胁迫下保持有效水分传输的能力(Hochberg et al.,2017)。水分传递效率以比导率(即将特定器官的导水率换算为相对单位叶面积的水分传输能力)表示,比导率是供水能力的重要指标,它定义了植物向蒸发面供水的能力,反映了植物向叶片供水的能力(Sack et al.,2006)。研究表明,木质部水分传输能力受到木质部汁液离子浓度的影响,这种变化能够反映出植物生长季内部水分关系的变化。在一些物种中,木质部汁液中的离子浓度存在显著的季节变化(Aasamaa et al.,2010);木质部的水力导电性对木质部汁液中的阳离子浓度(如 K^+、Ca^{2+})很敏感,这是因为果胶的膨胀和收缩改变了导管中的坑膜,而果胶的膨胀和收缩可以由特定的无机离子调节(Leperen et al.,2000;Zwieniecki et al.,2000)。因此,木质部水分传输能力随着木质部汁液离子浓度的增加而增加,随木质部汁液离子浓度的减少而降低。

水分传输能力的变化也能反映出植物生长季内部水分关系的变化,值得注意的是,不同植物在生长季节植物水分关系变化方面存在差异。例如,胡杨和柽柳在干旱胁迫下的水分关系变化就有所不同。虽然胡杨作为荒漠河岸林的重要组成部分,其树枝在某些地区出现了死亡现象,但柽柳却展现出了较强的适应能力,很少出现类似情况。这种可能与它们内部水分关系变化方面存在差异有关,考虑到胡杨与柽柳作为干旱地区生境的关键物种,因此,对它们在生长季节植物水分关系变化方面的差异性研究就尤为重要。这种差异性不仅反映了两种植物在适应干旱环境时的不同策略,也为我们揭示了它们在面对极端气候条件时的生存能力。特别是在枝条枯死这一重要生态现象上,深入研究胡杨与柽柳的生理差异,对二者内部水分关系的评价有助于进一步了解河岸植物干旱适应的内在机理和生态学机制,从而为预防和治理枝条枯死提供科学依据。

第二章　研究区概况和研究内容

第一节　研究区概况

一、地理位置

黑河,作为我国第二大的内陆河流,它犹如一条绿色的丝带,从青藏高原的北部祁连山北麓起源,蜿蜒曲折地穿越河西走廊,最终抵达阿拉善高原的居延海,为沿途的土地带来了生命的源泉。黑河的总水系长度达到了惊人的 928 km,它流经了青海省、甘肃省和内蒙古自治区,滋养了这些地区的土地和人民。黑河流域的总面积约为 1.3×10^5 km²,它的东南西北四个方向分别被山丹大黄山、青海省的祁连县、嘉峪关内的黑山和中蒙国界所界定。这片广袤的土地上,黑河如同一位慈祥的母亲,无私地奉献着她的爱与滋养。黑河的上游地区,即河流从发源地至出山口的这一段,是流域的产流区。这里的年降水量为 200～600 mm,为河流提供了源源不断的水源。中游地区则是从河流出山口至北山的正义峡和鸳鸯池水库这一段,年降水量相对较少,为 100～250 mm。但即便如此,中游地区仍然承载着重要的农业灌溉和生态用水任务。黑河的下游地区,自北山峡口以下,河长达到了 333 km。这里包括了甘肃省的金塔县、内蒙古自治区的额济纳旗以及国家重要的国防科研基地东风厂区(陈曦 等,2015)。正义峡是黑河中游和下游地区的分界点,它见证了河流从山间峡谷到广阔平原的变迁。下游地区地域开阔且地势平坦,黑河在这里向北穿过正义峡后,水流落差较小且流速平缓,形成了一片片美丽的湿地和湖泊。当黑河向北进入额济纳旗时,狼心山成了它进入这片土地的分界点。在这里,黑河分为东河和西河两大水系,它们如同两条巨龙般蜿蜒前行,沿途又有数条支流汇入,形成了扇形分布的水系网络。这些支流最终流入了西居延海和东居延海,为这片土地带来了丰富的水资源。河流的冲击作用使得该区域形成了广阔的内陆河流三角洲,这里有着天鹅湖等大小湖泊点缀其中,宛如一颗颗璀璨的明珠镶嵌在绿色的地毯上。这片区域就是著名的额济纳绿洲,它是黑河孕育出的一颗璀璨明珠,也是我国西北地区的重要生态屏障。

额济纳绿洲,位于中国西北部的阿拉善盟行政区,是一个独特的生态绿洲。其地理位置位于北纬 41°40′ 至 42°40′,东经 100°15′ 至 101°15′,被多个自然地貌所环绕。绿洲的东部紧邻着广袤无垠的巴丹吉林沙漠,沙丘连绵,给人一种无尽苍茫的感觉。西部则是马鬃山,山势险峻,为这片绿洲提供了天然的屏障。南部,是富饶的鼎新盆地,虽然与绿洲的气候条件有所不同,但同样孕育着丰富的生命。北部,则是与蒙古国的边界,国境线蜿蜒曲折,为这片土地增添了几分神秘感。额济纳绿洲的面积约 3428 km^2,成为这一地区珍贵的绿色宝藏。然而,这一地区除了河流沿岸和绿洲区域外,大部分地方都是沙漠戈壁,气候极端干旱,风沙危害严重。这里是黑河径流的消失区(司建华 等,2013),水资源的匮乏使得这里的生态环境更加脆弱。

本研究的试验地就位于额济纳绿洲的核心区域——额济纳旗。具体地理位置为北纬 42°01′,东经 100°21′,海拔 883.5 m。额济纳旗作为阿拉善盟行政区的一部分,其总面积约为 11.46 km^2。这里与蒙古国接壤,北部国境线全长 507.15 km,与蒙古国隔界相望。辖区的西部、南部和东部分别与甘肃省酒泉市的肃北蒙古族自治县、金塔县及阿拉善盟右旗相邻。这些地区虽然地理上相邻,但其气候、地貌和生态环境却各具特色,共同构成了中国西北地区丰富多彩的自然景观。

二、气候条件

1957—2017 年额济纳旗主要气象要素统计如表 2.1 所示。

表 2.1　1957—2017 年额济纳旗主要气象要素统计

月份	气温/℃	降水量/mm	风速/(m·s^{-1})	潜在蒸发量/mm	相对湿度/%
1	−11.44	0.25	2.69	35.46	48.30
2	−6.10	0.24	2.94	68.09	36.06
3	2.26	1.31	3.49	181.56	27.20
4	11.51	1.70	4.25	211.35	22.41
5	19.16	2.58	4.24	302.13	21.17
6	24.86	6.20	4.03	331.91	25.43
7	27.17	10.12	3.75	340.43	31.81
8	24.86	7.57	3.47	297.87	33.40
9	17.74	4.34	3.09	211.35	32.52
10	8.31	2.48	2.98	129.08	34.11
11	−1.83	0.43	3.23	87.94	40.50
12	−9.66	0.23	2.85	39.72	49.18
平均	8.90	3.12	3.42	186.41	33.51

额济纳旗,以其独特的地理位置和气候条件,被誉为全国日照最多的地区之一。在这里,阳光几乎全年无休地照耀着大地,年日照时数高达惊人的 3600 h。这种强烈的日照不仅赋予了这片土地独特的魅力,也为其带来了丰富的太阳能资源。

额济纳旗的气候类型属于典型的温带大陆性气候,且极端干旱。根据 1957—2017 年的气象数据统计,我们可以清晰地看出这片土地的气候特征。多年月平均气温稳定在 8.90 ℃,夏季炎热,7 月平均气温高达 27.17 ℃,而冬季则严寒刺骨,1 月平均气温低至 −11.44 ℃,最高与最低平均气温差达到了 38.61 ℃,这种巨大的温差使得额济纳旗的气候独具特色。

降水方面,虽然额济纳旗年降水量较少,但其在年际的波动并不显著。多年月平均降水量仅为 3.12 mm,但 7 月作为雨季的尾声,其平均降水量却能达到 10.12 mm,12 月则最为干燥,平均降水量仅为 0.23 mm。最高与最低平均降水量差为 9.89 mm,显示了该地区降水分布的不均匀性。降水量主要集中在 6 月至 9 月,这四个月的降水量约占全年降水总量的 70% 至 80%,为额济纳旗的绿洲提供了宝贵的生命之源。

在风力方面,额济纳旗盛行西北风,平均风速为 3.42 m/s。其中,4 月和 5 月风速较快,这主要是由于该地区春季风的盛行。这种风力的分布特点对当地的农业生产和生态环境产生了一定的影响。

蒸发方面,额济纳旗的蒸发量也相当可观。多年月平均潜在蒸发量为 186.41 mm,其中 7 月平均潜在蒸发量最高,达到 340.43 mm,而 1 月则最低,为 35.46 mm。最高与最低平均潜在蒸发量差高达 304.97 mm,这种巨大的蒸发量差异使得该地区的水分蒸发速度极快,对当地的植被和土壤保水能力提出了严峻的挑战。多年月平均相对湿度为 33.51%,其中 1 月平均相对湿度最高,为 48.30%,5 月则最低,为 21.17%。最高与最低平均相对湿度差为 27.13%,显示了该地区相对湿度年内变化的幅度。相对湿度的年内变化总体呈先降低后升高的趋势,这与当地的气候和降水特点密切相关。

三、植被

额济纳旗的生态系统展现出了丰富而复杂的多样性。这片土地上的生态系统主要可以划分为两大类:河岸林生态系统和荒漠草原生态系统。这两大系统各具特色,共同构成了额济纳旗独特的自然风貌。

河岸林生态系统是绿洲不可或缺的重要部分。在这里,乔木虽然稀疏,但灌木却生长得十分茂密,草丛则显得相对矮小。这种独特的植被结构为绿洲提供了重要的生态屏障。植被类型以胡杨、柽柳灌丛为主,这些植物在抵御风沙、保持水土方面发挥着重要作用。在林下,胖姑娘、苦豆子、甘草、苏枸杞等植物也得以生长,它们多以斑块状或廊道形式分布于河道两侧,为这片土地增添了更多的生机与活力。

荒漠草原生态系统则主要分布在远离河道的东、西戈壁地区。这里的老龄胡杨虽然稀疏,但它们的存在却为这片荒漠草原带来了生机。在林下,白刺、泡泡刺、梭梭、黑果枸杞、沙拐枣、红砂等植物也得以生长,它们多以斑块状的形式分布,为这片土地增添了一抹独特的色彩。此外,一些固定、半固定沙丘以及丘间低地上,稀疏的灌木如柽柳也得以生长,它们顽强地扎根于这片土地,为荒漠草原带来了更多的生命气息。

在干旱的低山丘陵和戈壁平原上,稀疏生长着半灌木灌丛,这些植物主要是梭梭、红砂、黑果枸杞等。它们虽然生长环境恶劣,但依然坚韧地生存着,为这片土地注入了顽强的生命力。

根据额济纳各绿洲区的植被分布情况,狼心山绿洲是黑河进入额济纳绿洲的第一片植被区。这里植被茂密,生态环境良好,为绿洲的发展提供了重要的基础。而西河绿洲区则是主要的畜牧区,这里牧草丰茂,为畜牧业的发展提供了丰富的资源。昂茨河绿洲区的植被则主要沿一道河至八道河分布,这里的植被覆盖率最高(赵春彦,2019),为绿洲的生态建设作出了重要贡献。接下来是东河中上游绿洲,这里的植被虽然相对较少,但依然为这片土地增添了一抹绿色。额济纳各绿洲区植被分布统计见表2.2。

表 2.2 额济纳各绿洲区植被分布统计

绿洲	面积/km²	植被面积/km²	植被覆盖率/%	主要植被类型
狼心山绿洲	150	60	40	柽柳、胡杨
东河中上游绿洲	68	41	60	胡杨、柽柳、苦豆子
昂茨河绿洲	645	452	70	胡杨、柽柳、胖姑娘、苦豆子
西河绿洲	310	155	50	柽柳、胡杨、沙枣

总的来说，额济纳旗的生态系统独具特色，河岸林生态系统和荒漠草原生态系统共同构成了这片土地独特的自然风貌。这些生态系统不仅为当地的生态环境提供了重要的支撑，也为当地的经济发展和社会进步提供了重要的保障。

四、土壤

黑河流域的土壤特性尤为显著。首先，黑河流域的土壤质地普遍较粗，这种粗质土壤在物理性质上较为松散，不易于保持水分和养分，给当地的农业生产和生态环境带来了一定的困难。其次，这片土地的土壤含盐量较高，这是由黑河流域的气候条件以及地形地貌等因素共同作用的结果。

黑河流域土壤的另一个显著特点是其表聚性强，这意味着土壤中的盐分和养分往往会在表层聚集，而深层土壤则相对贫瘠。这种表聚性强的土壤对于农作物的生长和发育具有一定的负面影响，因为它可能导致植物无法从深层土壤中获取足够的养分和水分。沿着河谷方向，从上游到下游，黑河流域的土壤含盐量逐渐升高。这是由于河流在流动过程中，不断将上游的盐分和矿物质携带至下游，使得下游地区的土壤含盐量逐渐增加。这种变化趋势不仅影响了土壤的理化性质，也对当地的农业生产和生态环境产生了深远的影响。

黑河流域的主要土壤类型共有 7 种，这 7 种土壤类型占据了该区域总面积的 96.9%，几乎涵盖了整个流域的土壤类型。根据区域占比从大到小排列,这些土壤类型依次为石膏灰棕漠土、灰棕漠土、棕漠土、钙质粗骨土、荒漠风沙土、残余盐土和林灌草甸土。其中,石膏灰棕漠土和灰棕漠土是这片土地上分布较为广泛的土壤类型,它们的面积占比达到了69.2%。这两种土壤类型在流域内的分布范围广泛,对当地的农业生产和生态环境具有重要的影响。

在河流两岸和河谷地带,主要分布的土壤类型为棕漠土和林灌草甸土。棕漠土是一种典型的干旱区土壤类型,具有较强的耐旱性和抗风蚀能力。林灌草甸土则是一种较为肥沃的土壤类型,它富含有机质和养分,有利于植物的生长和发育。这两种土壤类型在额济纳旗尤为突出,其中林灌草甸土更是该区域的主要土壤类型之一。这两种土壤类型在额济纳旗的分布,为该地区的农业生产和生态环境保护提供了重要的支持。黑河下游主要土壤类型组成及分布见表2.3(冯起 等,2015)。

表2.3 黑河下游主要土壤类型组成及分布

土壤类型	面积/km²	比例/%	分布
石膏灰棕漠土	26151.4	43.8	全区
灰棕漠土	15138.9	25.4	全区
棕漠土	9126.8	15.3	河两岸
钙质粗骨土	2916.3	4.9	东、西及南部的剥蚀山丘
荒漠风沙土	2351.2	3.9	巴丹吉林沙漠及河西岸
残余盐土	1357.3	2.3	东、西居延海及湖盆区
林灌草甸土	773.3	1.3	河谷阶地和洼地

五、水文水资源

黑河流域,深藏于亚欧大陆的心脏地带,远离了海洋的湿润与滋养,形成了鲜明的大陆性季风气候特征。这片广袤的土地,水汽稀缺,降水稀少,其主要来源依赖于上游祁连山的高大山脉对大气中水汽的阻挡和抬升作用。这种特殊的地形地貌,使得降水成了这片土地上最为珍贵的资源。

黑河流域的地表水资源主要包括湖泊和径流两种形式。而在额济纳旗这片降水稀缺的地区,多年平均降水量仅为 36.6 mm,这一微薄的降水量对地下水的补给作用微乎其微,地下水的补给几乎全部来自黑河河床的渗透(曹文炳 等,2004)。额济纳旗地表水资源的总量由黑河自正义峡流出的水量决定,黑河下泄对地下水的补给具有关键作用(Zhu et al.,2008;Su et al.,2009;Wang et al.,2013)。黑河,作为这片土地的生命之源,其从正义峡流出的水量直接决定了额济纳旗地表水资源的总量。

黑河流经中游的正义峡后,水量逐渐递减,这主要是由于上游用水的影响。正义峡下泄的水量,经过狼心山分水闸后,进入额济纳绿洲,并分为东河和西河,最终分别注入尾闾端的居延海。然而,由于正义峡下泄水量的减少,东、西两河沿岸的生态系统出现了明显的退化现象,植被枯萎,土地沙化,生态环境日益恶化。为了改变下游生态系统的命运,恢复和重建其生态平衡,从 2000 年开始,相关部门开始实施分水方案。这一方案的实施,使得正义峡下泄的水量明显增加,为下游生态系统提供了宝贵的生命之水。然而,由于上游、中游用水的持续影响,每年的 4—6 月和 9—12 月,黑河的河道基本处于断流状态,这给下游的生态环境带来了极大的压力。

值得注意的是,由于正义峡下泄水量增加引起的该区径流,其 70% 主要集中在 1—3 月和 7—8 月这两个时段。这意味着河流径流量在年内变化非常大,给下游的农业灌溉、生态保护等带来了极大的挑战。因此,如何科学合理地利用和分配黑河的水资源,成了摆在这片土地上的一大难题。额济纳绿洲东河和西河的情况见表 2.4。

表 2.4　额济纳绿洲东河、西河概况

名称	起点	终点	长度/km
东河	狼心山	昂茨河水闸	110.0
西河	狼心山	莱茨格敖包水闸	96.4

第二节　研究内容

本书的研究内容如下：

(1) 胡杨在生长季期间的水力特性及变化规律是一个复杂而微妙的过程。在此期间，胡杨的根、茎、叶等各个部位的水力特性都会随季节的推移而发生变化，这些变化主要体现在水分传导、水分储存以及水分利用效率等方面。为了深入研究胡杨在生长季的水力特性，我们测量了胡杨各部位在 6 月至 9 月的水力特性及变化，并模拟了植物脱水过程。这些研究揭示了生长季胡杨水力特性的动态变化，并发现这些变化受到温度、光照、土壤湿度等多种因素的影响。本书通过研究，回答以下问题：

① 胡杨在生长季期间，各部位水力特性及变化规律如何？
② 胡杨在生长季期间，其水力特性受何因素影响？
③ 植物脱水过程对其水力特性有何影响？

(2) 水分胁迫是影响植物水力特性的重要因素之一。在干旱条件下，胡杨的水力特性会发生变化，以应对水分供应不足的情况。我们研究了不同水分胁迫下胡杨的水力特性，发现土壤含水量确实存在一个阈值，当土壤含水量低于这个阈值时，胡杨的整体或特定部位可能会出现水力失效现象。此外，我们还发现干旱条件下胡杨的木质部解剖结构或生理机能也会发生变化，以适应水分胁迫。更进一步的研究发现，胡杨木质部水分输送能力与木质部空化脆弱性之间存在权衡关系，这为我们理解干旱条件下胡杨植株水力特性的变化机

理和干旱响应机制提供了重要线索。本书通过研究,回答以下问题:

①在不同的水分胁迫下,胡杨的水力特性是否不同?

②是否存在导致植物整体或特定部位水力失效的土壤含水量阈值?

③在不同的水分胁迫下,胡杨木质部解剖结构或生理机能是否会变化?

④在不同的水分胁迫下,胡杨木质部水分输送能力与木质部空化脆弱性之间是否存在权衡关系?

(3)在干旱条件下,胡杨整个水分输送过程需要进行综合性调整,以确保植物的正常生长和发育。我们研究了胡杨木质部水分传输、水分利用和水分保持过程在干旱条件下的变化,并探讨了这些变化是否同步以及它们之间是否能够相互协调和配合来维持整个水分输送过程的平衡。这些研究有助于我们深入理解干旱条件下胡杨如何调整其水分输送过程以适应环境压力。本书通过研究,回答以下问题:

①在不同的水分胁迫下,胡杨整个水分输送过程如何进行综合性调整?

②胡杨木质部水分传输、水分利用和水分保持过程分别如何变化?

③三者变化是否同步?其能否相互协调和配合来维持整个水分输送过程的平衡?

(4)盐胁迫是另一种常见的环境压力,它会对胡杨的叶片水力性状、叶片经济性状以及叶片胞内特性产生影响。我们研究了盐胁迫下胡杨叶片水力性状如何响应盐度梯度和胁迫时间的变化,以及叶片经济性状和叶片胞内特性如何响应这些变化。这些研究为我们理解盐胁迫对胡杨生长和生理特性的影响提供了重要依据。本书通过研究,回答以下问题:

①盐胁迫下胡杨叶片水力性状如何响应盐度梯度和胁迫时间的变化？

②胡杨叶片经济性状如何响应盐度梯度和胁迫时间的变化？

③胡杨叶片胞内特性如何响应盐度梯度和胁迫时间的变化？

(5)在不同的水分胁迫和盐胁迫下，胡杨的内在生理特性会发生变化以适应环境压力。我们比较了不同胁迫条件下胡杨的生理响应过程及差异，并探讨了胡杨抵御盐胁迫和干旱胁迫的适应机制。这些研究有助于我们深入理解胡杨对环境压力的适应机制以及其在生态系统中的稳定性。本书通过研究，回答以下问题：

①在不同的水分胁迫下，胡杨内在生理特性如何变化？

②在不同的盐胁迫下，胡杨内在生理特性如何变化？

③在不同的水分胁迫和盐胁迫下，胡杨抵御盐胁迫和干旱胁迫的适应机制有何差异？

(6)在本书中，我们还研究了生长季胡杨和柽柳的气孔导度变化及其原因、水力特性变化及其原因，以及离子敏感性变化及其原因。这些研究有助于我们比较两种植物在内部水分关系方面的差异并理解它们在生长季节如何调整其生理特性以适应环境变化。本书通过研究，回答以下问题：

①生长季胡杨和柽柳气孔导度如何变化及其原因是什么？

②生长季胡杨和柽柳水力特性如何变化及其原因是什么？

③生长季胡杨和柽柳离子敏感性如何变化及其原因是什么？

第三章　生长季胡杨水力特性的研究

　　胡杨作为一种生长在干旱和半干旱地区的树种,其生长和生存高度依赖于高效的水分利用和传输系统。已有研究表明,从根到叶的水分供应是一个连续且完整的过程,依赖于水分在木质部中的顺畅流动(Maherali et al.,2004)。因此,仅仅针对某一特定部位的研究,无法全面揭示胡杨在生长季内水力特性的变化,也无法解释不同器官之间水分输送能力的相互协调和配合。更重要的是,从根系到末端枝条的水分输送过程中,需要克服较大的重力阻力。末端枝条作为距离根系最远的部分,往往更容易受到负水势的影响,成为水分传输的瓶颈。这种瓶颈效应在水分缺乏的条件下尤为明显,可能导致冠层枯枝的出现。以往对胡杨的研究,均未显示其在生长季的水力特性及其变化。此外,以往对胡杨水力特性的研究一般是针对特定部位的一小段进行的(Pan et al.,2016;Zhou et al.,2013),不能反映根、茎、叶的水力特性和植株整体的水力特性,同时单一特定部位的研究不能证明胡杨各器官之间的水分输送能力是相互协调和配合的。为了全面揭示胡杨在生长季内的水力特性及其变化,以及不同器官之间水分输送能力的相互协调和配合,我们进行了一项综合性的研究。在6月至9月的生长季期间,我们测量了胡杨全根、全冠以及不同分枝部位的水力特性,并模拟了植物在脱水过程中的生理响应。通过这一研究,我们希望能够更深入地了解胡杨在干旱环境下的生存策略,以及如何通过优化水力特性来适应环境变化。具体来说,我们的研究涵盖了比导率、导水率、水势等多个关键水力参数。

通过对比分析不同部位、不同月份以及不同生长阶段下的数据,我们能够更全面地了解胡杨在生长季内的水力特性及其变化。同时,我们还模拟了植物在脱水过程中的生理响应,以探究胡杨在不同水分条件下的适应能力和生存策略。本章的研究目标是回答以下问题:①胡杨在生长季期间,各部位水力特性及变化规律如何?②胡杨在生长季期间,其水力特性受何因素影响?

第一节　试验设计与方法

一、试验材料

本试验选用胡杨幼苗进行水力特性时空变化的研究。胡杨幼苗在苗圃中培育了一年半左右后,于 2017 年 4 月中旬,将 200 棵胡杨幼苗移栽到田间,让其在自然环境下进行生长。树苗的种植间距为 50~60 cm,以确保根系相互独立。2017 年 6 月选择了 60 棵树龄 2~3 年的幼苗进行试验,且这些幼苗均健康、挺直、长势良好。

二、水力参数的测定

本试验采用水灌注法和高压流量计(HPFM-GEN3,Dynamax Inc.,Houston,USA)测定幼苗各部位的导水率(k, kg・s^{-1}・MPa^{-1})。HPFM 是一种将植物与压力耦合器相接,受压力驱动将蒸馏水注入根系或茎部的仪器,同时测量相应的流量,进而从施加的压力和流量之间的关系中得到导水率。采用 HPFM 测定导水率的优点在于能够进行原位测定。以往在测定根系导水率时,需要截取根系茎段,在样本获取时根系往往受到破坏。原位测定能够避免将根系破坏,同步减少了由于根系被破坏产生的测量误差,同时也能够减少不必要的工序。也就是说,在测定时根系能够保持完整的结构和原有的水分输送能力,测量时施加压力的方向与根系内液流方向相反。根系导水率的测量是使用 HPFM 在"瞬态模式"下进行的,压力从 0 迅速增加到 500 kPa;然后根据线性回归的斜率计算,通过操作系统在参考温度为 25 ℃时对数据进行校正,以补偿由于测量温度的不同而引起的水黏度变化,进而得到根系导水率的测量值。冠层导水率的测量是通过 HPFM 在"稳态模式"下进行的,我们测量时设定的压力为 350 kPa,直到进入木质部的水流速度稳定后,从而得到冠层导水率的值。每次导水率的测量过程持续时间大约为 10 min。

在 6—9 月选择典型晴天,分别于 06:00、10:00、14:00、18:00、24:00 时测定各部位导水率值,每组进行 3 次重复。首先,对 60 株幼树的根系导水率和冠层导水率进行测定。从离地面 3 cm 处剪断主茎,将主茎的末端和根的上端分别连接到仪器上进行测定,分别得到冠层导水率(k_{shoot})和根系导水率(k_{root})。整体部分测量结束后,从每棵幼苗冠部取一根或两根枝条进行枝条导水率的测量。将取下的枝条用湿毛巾包住放在黑色塑料袋里,立即带回到试验室。为了防止空气进入木质部,枝条的根系在水下被重新切断,并将枝条的末端连接到仪器上进行测定,得到枝条导水率(k_b)。然后依次去除叶片、叶柄后,获得新的导水率值。再将当年枝依次去掉后,得到一年生枝条导水率(k_x)。

叶片的导水率是从叶柄和叶片交界处到蒸发点的总蒸腾流量路径的一个积分测度。叶片的导水率(k_l)是基于欧姆定律水力模拟计算得到的(Raimondo et al.,2009),其计算公式如下:

$$k_l = (k_b^{-1} - k_{c+x+p}^{-1})^{-1} \tag{3.1}$$

其中,k_b 为整个枝条的导水率,k_{c+x+p} 为裸枝的导水率。

同理,叶柄的导水率(k_p)计算公式如下:

$$k_p = (k_{c+x+p}^{-1} - k_{c+x}^{-1})^{-1} \tag{3.2}$$

其中,k_{c+x} 为裸枝去除叶柄后的导水率。

当年生枝条的导水率(k_c)计算公式如下：
$$k_c = (k_{c+x}^{-1} - k_x^{-1})^{-1} \tag{3.3}$$
其中，k_x 为一年生枝条的导水率，由直接测量得到。

水力阻力是导水率的倒数。水力分割后以水力阻力占比（%）表示植物各部分在水分输送过程中的阻力相对于植株整体的大小，能够反映各部分的水力贡献，其计算方法是各部分的水力阻力占全株总阻力的百分比。

将测量的导水率通过总叶面积进行调整，得到比导率($kg \cdot s^{-1} \cdot MPa^{-1} \cdot m^{-2}$)，表示各部位对单位面积叶片的供水能力的大小。另外，总叶面积的计算方法见后文。

三、树木生长参数的测定

在测量导水率之前，我们先用钢卷尺测量了 60 棵树的株高。测量得到冠层和根系导水率后，用游标卡尺在两个轴向方向测量树基部的直径，考虑到幼苗芯材部分极小，因此将计算的茎横截面的面积认为是茎木质部横截面积。总叶面积通过比叶重（叶面积/生物量）来估计。首先从 60 棵树苗中各取 10 片叶子，这些树叶被粘在网格纸上画出轮廓。接着我们计算了树叶覆盖超过 50% 网格面积的网格数量，用网格数乘以单个网格的面积来计算 10 片树叶的叶面积。之后再用烘箱在 80 ℃下干燥叶片，然后在电子天平上称重，得到这 10 片树叶的重量，以获得每棵树的生物量，进而计算出比叶重。我们假定同一棵树具有相同的比叶重，通过烘干所有叶片得到的干重来确定总叶面积。胡伯尔值(H_V)也是重要的水力参数，以木质部横截面积除以总叶面积计算得到。

四、气体交换参数的测定

用 Li-6400 便携式光合作用系统（Li-cor, Lincoln, Nebraska,

USA)测量胡杨叶片的蒸腾速率(mmol$H_2O \cdot m^{-2} \cdot s^{-1}$)和气孔导度(mol$H_2O \cdot m^{-2} \cdot s^{-1}$)。用标准叶室分别于06:00、10:00、14:00、18:00、24:00时测定叶片气体交换参数,其测定与木质部导水率的测定在同一天进行。我们在每棵树顶部选取了3片完全伸展的叶片来进行测量。

五、木质部水势的测定

用压力室(PMS Instruments,Corvallis,Oregon,USA)来测量枝条的正午木质部水势(Ψ_x,MPa)。早晨日出前,在树冠中部选取枝条,将其叶片用铝箔密封,并用塑料袋包裹,以防止蒸腾作用。在13:00—14:00,用锋利的刀片切下枝条来测定木质部水势。将氮气注入压力室,当观察到第一滴木质部汁液流从木质部涌出时,结束测量。我们从不同的胡杨幼苗中采集了6个样本,并对这些样本进行了重复测量。

土壤到叶片的水分转移过程中,叶水势(Ψ_l)是基于欧姆定律水力模拟计算得到的:

$$\Psi_l = \Psi_x - E/k_{ll} \tag{3.4}$$

其中,k_{ll}为叶片比导率;E为叶片的蒸腾速率。

六、脱水处理后参数的测定

为了模拟极端干燥的环境,中午从10棵树中采集30个小枝进行脱水处理。将这些枝条用湿毛巾包起来,装在黑色塑料袋里,运到试验室。然后将这些枝条水平地暴露在试验台上进行脱水处理,脱水时间大约为0 h、0.5 h、1 h、2 h、4 h和6 h,以形成一系列下降的水势。我们在每个脱水处理时间使用3~6个分支,同时测定其导水率和木质部水势值。然后去除叶片得到裸枝导水率,根据前面叶片导水率的计算公式,得到叶片导水率。比导率的计算方法和前面相同。

同时,我们测量了光强为 1200 $\mu mol \cdot m^{-2} \cdot s^{-1}$(采用 6400-02B 红蓝 LED 光源提供),CO_2 浓度为 400 $\mu mol \cdot mol^{-1}$(采用 6400-01CO_2 混合器提供)的环境下叶片的蒸腾速率($mmol H_2O \cdot m^{-2} \cdot s^{-1}$),从而计算得到叶水势值。

七、环境因子测量

每天在 4 个不同土层深度(10 cm、30 cm、50 cm 和 80 cm)使用时域反射仪(LP TDR probes, Institute of Geophysics, Polish Academy of Sciences, Lublin, Poland)测量土壤水分(%),并使用 CR1000 数据记录仪(Campbell Scientific, North Logan, UT, USA)每 30 min 记录 1 次。

在胡杨样方内安装自动气象站(AMS),用于环境因子的连续观测。所有观测项目的传感器用电缆同数据采集器相连,我们使用 Zeno-3200-A-D 数据记录器每 60 min 记录相对湿度(R_H,%)和空气温度(T_a,℃)。我们使用测量的 T_a 和 R_H 来确定饱和水汽压差(P_{VPD},kPa),计算公式如下(Campbell et al.,2012):

$$P_{VPD} = \left(1 - \frac{R_H}{100}\right) \times 0.6108 \times \exp\left(\frac{17.27 \times T_a}{T_a + 237.3}\right) \quad (3.5)$$

八、数据分析

本书采用 SPSS 19.0、Excel 2007 和 Origin 8.0 软件进行数据处理和统计分析。对生长季胡杨各部位的导水率之间的关系、各部位导水率与树木生长特性的关系,采用 SPSS 19.0 软件进行相关分析;采用 SPSS 19.0 软件对生长季胡杨各部位的水力参数、解剖结构参数、气体交换参数、生理生化指标等进行方差分析,确定生长季不同月份这些参数的显著性差异;用 Origin 8.0 进行绘图。

第二节 胡杨不同部位水力特性的变化

一、胡杨各部位比导率的变化

同一株植物在短期正常生长过程中,其株高和树木径向生长均不明显,总叶面积和叶片生物量对胡杨冠层的影响非常显著。因此,比导率作为导水率通过总叶面积标准化得到的值,是定义该部位对单位面积叶片供水能力的重要指标,能够很大程度地便于植株水分输送能力的比较。同时,由于植物向叶片的供水能力最终与植物生存息息相关,因此比导率的值能够直接影响植物的竞争。由表3.1可知,胡杨根系比导率和冠层比导率与时间均不具有相关关系($p>0.05$),即胡杨根系比导率和冠层比导率不具有日变化特征;不同月份对胡杨根系比导率和冠层比导率的影响显著($p<0.05$)。由表3.2可知,胡杨当年生枝比导率和一年生枝比导率与时间不具有相关关系($p>0.05$),即胡杨当年生枝比导率和一年生枝比导率不具有日变化特征;不同月份对胡杨当年生枝比导率和一年生枝比导率的影响显著($p<0.05$),其中月份对一年生枝比导率具有极显著影响($p<0.01$)。由表3.3可知,胡杨叶片比导率和叶柄比导率与时间不具有相关关系($p>0.05$),即胡杨叶片比导率和叶柄比导率不具有日变化特征;不同月份对胡杨叶柄比导率具有极显著影响($p<0.01$),而不同月份对胡杨叶片比导率无显著影响($p>0.05$)。在本研究中,胡杨各部位比导率不表现出日变化特征,说明胡杨木质部水分输送能力与外界光环境状态无关,不具有光依赖性。

表 3.1　生长季各月份和时间对胡杨整体比导率的影响

	根系比导率		冠层比导率	
	自由度	显著性检验(p 值)	自由度	显著性检验(p 值)
时间	4	0.23	4	0.87
月份	3	0.02	3	0.02
时间×月份	12	0.07	12	0.58

表 3.2　生长季各月份和时间对胡杨枝条比导率的影响

	一年生枝比导率		当年生枝比导率	
	自由度	显著性检验(p 值)	自由度	显著性检验(p 值)
时间	4	0.58	4	0.76
月份	3	0.00	3	0.02
时间×月份	12	0.58	12	0.84

表 3.3　生长季各月份和时间对胡杨叶部位比导率的影响

	叶片比导率		叶柄比导率	
	自由度	显著性检验(p 值)	自由度	显著性检验(p 值)
时间	4	0.07	4	0.24
月份	3	0.06	3	0.01
时间×月份	12	0.24	12	0.76

对于胡杨整体比导率研究,发现根系比导率(k_{rl})从 6 月到 8 月显著增加,继而 9 月份又显著下降($p<0.05$),k_{rl} 在 8 月份最大。与 k_{rl} 不同,冠层比导率(k_{sl})在 6 月份最大,从 6 月到 9 月呈降低趋势,k_{sl} 在相邻月份无显著差异,能够保持稳定($p>0.05$)(见图 3.1)。对于胡杨枝条比导率研究,发现一年生枝比导率(k_{xl})从 6 月份到 7 月份显著增加,继而从 7 月份到 9 月份逐渐下降。与 k_{xl} 不同,当年生枝比导率(k_{cl})值从 6 月份到 8 月份无显著差异,但在 8 月份到 9 月份显著下降(见图 3.2)。

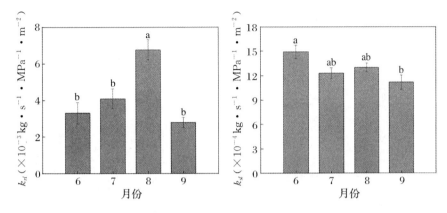

图 3.1 生长季胡杨根系比导率和冠层比导率的变化

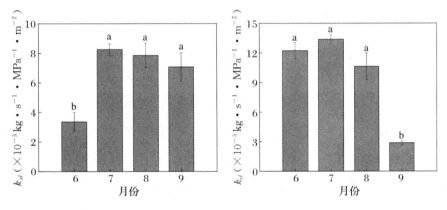

图 3.2 生长季胡杨一年生枝比导率和当年生枝比导率的变化

对于胡杨叶柄比导率(k_{pl})的研究,发现k_{pl}从 6 月份到 9 月份呈阶梯式下降,k_{pl}在 6 月份最大,在 9 月份最小。值得注意的是,叶片比导率(k_{tl})在 6—9 月期间呈现微小的浮动,但基本能够保持稳定,k_{tl}约为 $1.14(\pm0.09)\times10^{-3}$ kg·s^{-1}·MPa^{-1}·m^{-2}(见图 3.3)。这说明植物叶柄和枝条比导率的调节变化是为了实现叶片比导率的相对稳定性,即维持叶片对单位面积的稳定供水。

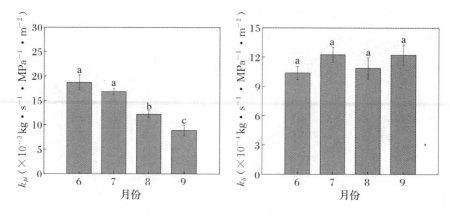

图3.3 生长季胡杨叶柄比导率和叶片比导率的变化

二、胡杨各部位导水率之间的关系

尽管胡杨根系导水率与各生长特性变量之间不存在显著相关关系（$p>0.05$），但根系导水率（k_{root}）与冠层导水率（k_{shoot}）呈显著相关（$R^2=0.22$，$p<0.05$），也就是说胡杨根系的水分输送能力随着冠层水分输送能力的增强而增加。胡杨当年生枝条导水率（k_c）与叶柄导水率（k_p）极显著相关（$R^2=0.63$，$p<0.01$），当年生枝条的水分输送能力随叶柄的水分输送能力的增强而增加。可见，当年生枝条和叶柄相连，其水分输送能力受叶柄水分输送效率的影响极其显著。胡杨一年生枝条导水率（k_x）、整个枝条的导水率（k_b）都与叶片导水率（k_l）呈极显著相关，相关系数分别是0.34和0.74（见图3.4），当年生枝条和整个枝条的水分输送能力随叶片的水分输送能力的增强而增加。可见，叶片是水分运输的瓶颈，其水分输送能力能够决定整个枝条的水分输送能力。

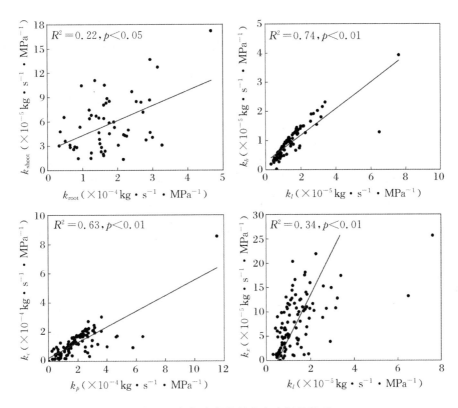

图 3.4 胡杨各部位导水率之间的关系

三、胡杨各部位水力贡献的变化

水力分割假说认为,植物远端部分比茎部更容易受到阻碍。这一假设突出了木本植物水分输送能力的贡献和相对水力阻力(导水率的倒数)的占比情况,反映了各部分水力特性对整个植株的水力贡献。研究植物各部分的水分输送能力对整个植株的水力贡献,比研究其孤立的作用更有意义,植物各部位水分输送能力之间的协调和相互配合对"土壤-植物-大气"连续体有很强的影响。由前述研究可知,胡杨各部位水力贡献与时间不具有相关关系,即胡杨各部位水力贡献不具有日变化特征($p>0.05$),不同月份对各部位的水力贡献影响极其显著($p<0.01$)。

对于胡杨整体研究,冠层的水力阻力相对于整个植株占比为60%~82%,远大于根系的水力阻力相对于整个植株占比,其值为18%~40%。即在胡杨整个植株木质部的水分传输过程中,冠层的水分传输阻力远大于根系,根系的水分输送能力远大于冠层部分。冠层的水力阻力占比值从6月到8月显著增加,从8月到9月下降。也就是说,从6月到8月冠层水分传输阻力一直在增加,8月份冠层水分传输阻力最大,对整个植株水力贡献最小。根系的水力阻力占比值变化趋势正好相反,从6月到8月显著减小,从8月到9月迅速增加(见图3.5)。也就是说,从6月到8月根系水分传输阻力一直在减小,8月份根系水分传输阻力最小,对整个植株水力贡献最大。

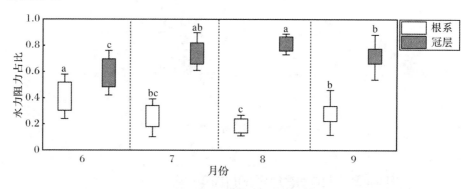

图3.5 生长季胡杨根系和冠层水力贡献的变化

胡伯尔值(H_V)是与植物水力特性密切相关的重要参数,胡伯尔值H_V以木质部横截面积除以总叶面积计算得到。6月和7月日平均气温较高,从8月开始,日平均气温明显下降。相对湿度从6月到8月一直在升高,8月份相对湿度最大,9月份相对湿度下降(见图3.6)。胡杨胡伯尔值(H_V)在不同月份变化较大,7月至9月间显著升高($p<0.01$)。胡杨胡伯尔值(H_V)的变化趋势为6月和7月保持相对稳定,从7月开始显著升高(见图3.7)。由于木质部横截面积基本不变,表明从7月到9月,总叶面积和叶片生物量下降,可见,6月

和 7 月叶片生长达到高峰。由于降水量较大,日平均气温较低,故叶片开始衰老发生在 8 月,9 月为叶片生长末期。

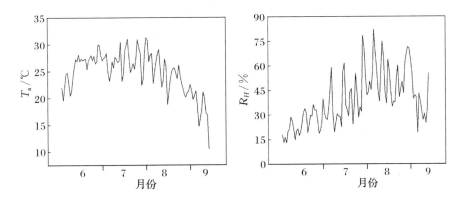

图 3.6　6—9 月气温和相对湿度的变化

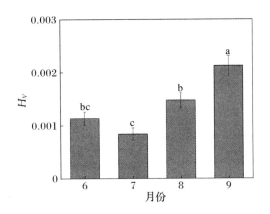

图 3.7　生长季胡杨胡伯尔值的变化

对于胡杨的枝条研究,将枝条进行水力阻力分割后,不同部位相对整个枝条的水力阻力占比由大到小依次为叶片、枝、叶柄。叶片部分的水力阻力占比为 50%～76%,远远大于其他部位的水力阻力占比。可见,叶片部分是胡杨枝条水分传输过程中传输阻力最大的部位。叶柄的水力阻力占比为 6%～11%,小于其他部位的水力阻力占比。可见,叶柄是胡杨枝条水分传输过程中传输阻力最小的部位。

叶柄和当年生枝的水力阻力占比在叶片生长结束前一直维持稳定,即在叶片生长末期以前叶柄和当年生枝在水分传输过程中传输阻力基本不变。在叶片生长末期,当年生枝水力阻力占比和叶柄的水力阻力占比迅速增加,分别从最初的8%和6%增加到24%和11%,即在叶片生长末期叶柄和当年生枝在水分传输过程中传输阻力增大。一年生枝水力阻力占比在7月份显著下降,从最初的28%下降到12%,在叶片生长末期以前一年生枝水力阻力占比一直高于当年生枝水力阻力占比。但在叶片生长末期,当年生枝水力阻力占比急剧增加,最终当年生枝水力阻力占比超过一年生枝水力阻力占比(见图3.8)。这说明在叶片生长末期之前,当年生枝在水分传输过程中传输阻力小于一年生枝,而在叶片生长末期,当年生枝在水分传输过程中传输阻力大于一年生枝,当年生枝在木质部水分输送中属于劣势部位。

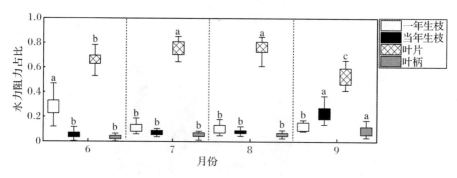

图3.8 生长季胡杨枝条各部位水力贡献的变化

第三节 胡杨水力特性变化的影响因素

一、胡杨水力特性与生长特性的关系

对生长季(6—9月)期间胡杨的水力特性研究发现,胡杨水分输送能力与其生长特性具有密切的关系。胡杨冠层导水率(k_{shoot})与总叶面积、株高、基径以及木质部横截面积呈极显著相关性($p<0.01$)

(见图 3.9)。随着胡杨总叶面积和叶片生物量的增加,植株高度的增加,植株径向生长和胸径的增加,其冠层导水率进而增加,冠层内木质部水分输送效率增强。其中,总叶面积对冠层导水率的影响最大,相关系数为 0.58;木质部横截面积对冠层导水率的影响最小,相关系数为 0.28;冠层导水率与株高和基径的相关系数分别为 0.41 和 0.35(见图 3.9)。这表明,高大树木的水分输送效率比株高较低的树木水分输送效率要高,同时树木越粗壮,其水分输送效率也就越高。叶片总面积的调节对冠层木质部的水分输送效率的影响最大,对于同一株植物,在短期正常生长过程中,其株高和树木径向生长变化均不明显,则总叶面积和叶片生物量对胡杨冠层的影响非常显著。另外,根系导水率与各生长特性变量之间不存在显著相关关系($p>0.05$)。

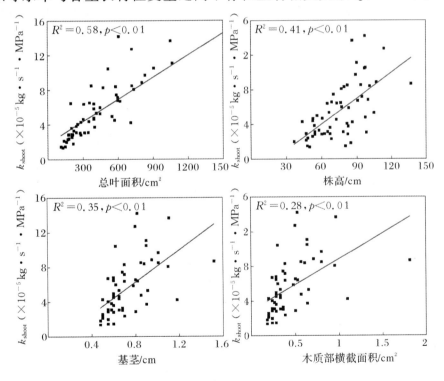

图 3.9 胡杨冠层导水率与生长特性的关系

二、胡杨水力特性与气孔导度的关系

植物叶片通过气孔和外界连通并进行水分交换,气孔参与控制和调节植物水分散失的过程,在维持植物体水分平衡过程中具有重要意义。叶片张开的大小及程度用气孔导度表示,它能够影响水汽在叶片内部组织和大气间的传输阻力。如图 3.10 所示,从 6 月到 9 月,胡杨气孔导度(g_s)呈先上升后下降的日变化趋势。气孔导度值在 6:00 至 10:00 之间呈上升趋势,随后呈下降趋势。一直下降到 24:00,夜间气孔导度值很低,但不为零。由于光合抑制作用,胡杨在 7 月 14:00 的气孔导度值和 18:00 的值基本相同。从月份之间看,最大气孔导度值从 6 月到 9 月呈下降趋势。6:00 的气孔导度值从 6 月到 9 月逐渐下降;由于 7 月气温较高,胡杨中午出现光合抑制现象,故在 14:00 气孔导度值较其他月份值低,在 24:00 气孔导度值较其他月份值高。

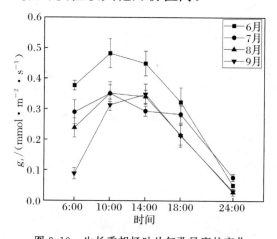

图 3.10 生长季胡杨叶片气孔导度的变化

6—9 月,饱和水汽压亏缺(VPD)从 6 月到 9 月呈下降的趋势,6 月和 7 月饱和水汽压亏缺值较高,9 月饱和水汽压亏缺值较低(见图 3.11)。胡杨叶片气孔导度与饱和水汽压亏缺值呈极显著正相关($p<0.01$),相关系数为 0.32(见图 3.12)。植物叶片的气孔导度和

叶片比导率即单位面积叶片的供水能力以及叶片导水率均不具有相关性($p>0.05$)。叶片水力特性无日变化特征,但是叶片气孔导度具有明显的日变化特征,说明在胡杨正常生长过程中,气孔开度对导水率影响很小。这可能是因为叶片在6—9月水力特性基本保持稳定,即叶片的供水能力保持稳定,使叶片储水和水分状况相对维持稳定,只有当叶片出现水力特性失衡时,引起叶片内水流动阻力较大的变化,导致叶片储水能力变差,才可能会引起气孔感知植物水分输送能力的变化。

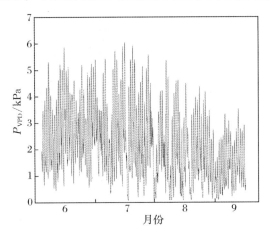

图3.11 6—9月饱和水汽压亏缺值的变化

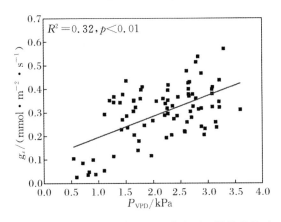

图3.12 胡杨气孔导度和饱和水汽压亏缺值的关系

三、胡杨水力特性与水势的关系

如图 3.13 所示,胡杨枝条水势从 6 月到 9 月呈现先减小后增加的趋势,在 6 月和 9 月枝条水势较高,水势值分别为 －1.82 MPa 和 －1.92 MPa,7 月和 8 月枝条水势较低。与枝条不同,胡杨叶片水势从 6 月到 9 月基本保持稳定,各月水势值无显著差异($p>0.05$)。

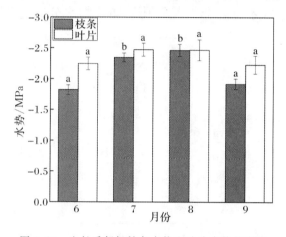

图 3.13　生长季胡杨枝条水势和叶片水势的变化

如图 3.14 所示,胡杨枝条比导率的变化趋势与枝条水势完全相反,从 6 月到 9 月呈现先增加后减小的趋势,在 6 月和 9 月枝条比导率较低,7 月和 8 月枝条比导率较高。胡杨叶片比导率的变化趋势与叶片水势一致,从 6 月到 9 月基本保持稳定,各月叶片比导率无显著差异。可见,胡杨枝条比导率和枝条水势显著相关,并且随枝条水势的降低,植物水分胁迫的增加,枝条比导率增加,即枝条向单位面积叶片供水的水分输送能力增加。叶片比导率与叶片水势显著相关,叶片水势不变,叶片水分状况能够维持稳定时,叶片比导率能够保持不变,即单位面积叶片的水分输送能力不变。

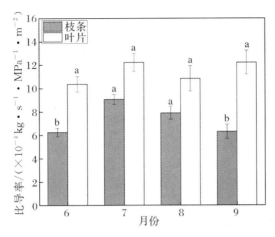

图 3.14　生长季胡杨枝条比导率和叶片比导率的变化

同时,在6—9月期间,胡杨枝条的正午木质部水势在7月和8月较低,在6月和9月水势相对较高,枝条水势呈先下降后上升的趋势。根系对水分传输的贡献与枝条水势的变化趋势相反,枝条水势能够反映植物的水分状况,能够反映植物所处环境的水分胁迫程度。也就是说,胡杨根系的水分输送能力与水分胁迫程度一致。当水分胁迫增加时,植物体内水势降低,可以迫使胡杨提高根系的水分输送能力,增加根系在整个水分输送过程的贡献程度,以吸收更多的水分。

为了进一步明确枝条水势(Ψ_x)和叶片水势(Ψ_l)对枝条和叶片水分输送能力的影响,本研究进行了脱水处理。在脱水处理中,枝条比导率(k_{bl})和叶片比导率(k_{ll})都和枝条木质部水势(Ψ_x)呈极显著负相关($p<0.01$),相关系数分别为0.45和0.28(见图3.15)。经过脱水处理后,枝条木质部水势显著下降,枝条比导率和叶片比导率均增加,也就是随着水分胁迫程度的增加,枝条和叶片对单位面积叶片的供水能力均增强。枝条比导率(k_{bl})和叶片比导率(k_{ll})极显著相关($R^2=0.97,p<0.01$),脱水处理中枝条水势和叶片水势存在明显的依赖关系(见图3.16)。由于脱水处理导致的枝条木质部水势的显著降低,引发叶片的水分平衡状态被打破,引起叶片水势的显著下降,

从而引起叶片水分输送能力的下降。

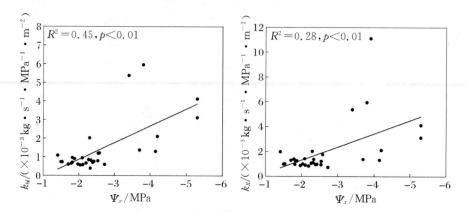

图 3.15 脱水处理中枝条水势和枝条比导率、叶片比导率的关系

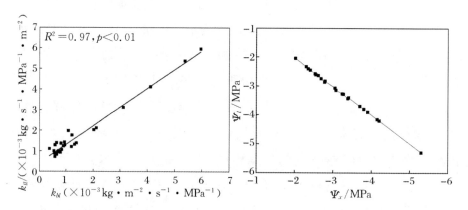

图 3.16 脱水处理中枝条比导率和叶片比导率的关系及两者水势的依赖关系

可见,枝条比导率与枝条木质部水势密切相关,随着枝条水势的降低,枝条水分胁迫程度的增加,会引起枝条比导率的增加,即枝条对单位面积叶片的供水能力增强。叶片比导率与叶片水势密切相关,如果木质部水势的持续降低,使叶片水势平衡状态改变,随着叶片水势的降低,叶片水分胁迫程度的增加,会引起叶片比导率的增加,即叶片对单位面积叶片的供水能力增强。叶片和枝条比导率的变化与该部位水分胁迫程度改变一致。

通过脱水处理可知,枝条比导率随着枝条水分胁迫程度的增加而增加,叶片比导率随着叶片水分胁迫程度的增加而增加。通过对6—9月胡杨水力特性的研究,其叶片比导率能够保持稳定的原因在于胡杨叶片的水势在6—9月能够保持稳定,即叶片水分状况基本不变。可见,6—9月土壤水分含量能够满足胡杨实现水分传输稳定性的需求,能够使其维持叶片水势的稳态和叶片比导率不变,使叶片向单位面积叶片的供水能力保持稳定。

在10~80 cm土壤深度的平均土壤含水量在6月和7月较8月和9月低(见图3.17),原因是黑河上游在8月初进行了人工放水,致使8月和9月的土壤含水量增加。即使6月和7月土壤含水量相对较低,大约为16%,但仍然能够满足胡杨实现水分传输稳定性的需求,能够使其维持叶片水势的稳态和叶片比导率不变,使叶片向单位面积叶片的供水能力保持稳定。因此,土壤含水量大约为16%时,能够满足胡杨在6月和7月维持向单位面积叶片供水能力的稳定性;土壤含水量大约为25%时,能够满足胡杨在8月维持向单位面积叶片供水能力的稳定性;土壤含水量大约为22%时,能够满足胡杨在9月维持向单位面积叶片供水能力的稳定性。

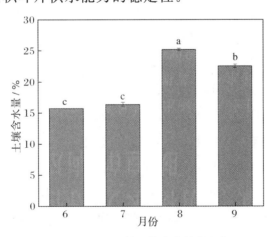

图3.17 6—9月土壤含水量的变化

第四节 讨 论

根系被认为是"土壤-植物-大气"连续体中水分输送的抑制环节，且在整个水分输送组成中，根系导水率通常是最低的(Vandeleur et al.，2009)。在本研究中，根系导水率值比冠层导水率值大一个数量级，是因为根系是沙漠地区植物水分转运和输送的主要部分，具有很强的吸水性。研究表明，低水势可以迫使植物提高根系的水分输送能力，以吸收更多的水分。在干旱胁迫条件下，植物倾向于通过调节根系导水率来控制根系对水分的吸收(Parent et al.，2009)，可见，根系的水力特性对植物的抗旱性起着重要的作用。胡杨的主要水力阻力集中在叶片上，早期的研究表明，叶片的水分传输阻力占植物总阻力的30%~80%(Liu et al.，2014；Sack et al.，2006)。因此，落叶对植物的水力特性有很大的影响，这主要是由于落叶导致了叶片水力阻力的降低。在本研究中发现，叶柄的水分传输阻力占比最小，这是由于水在叶柄中的运输距离较短。叶片水分输送能力的变化与一年生枝一致，叶柄水分输送能力的变化与当年生枝一致。叶片和叶柄的水分输送能力变化规律不同，反映了前人的研究结果，即叶柄的导水率可以不受叶片的影响而发生变化(Liu et al.，2014)。在叶片生长前期，一年生枝水力阻力占比相对较高，约为28%，当年生枝水力阻力占比较低，约为8%。但在叶片生长末期，一年生枝水力阻力占比显著下降到12%，当年生枝水力阻力占比显著升高到24%，超过一年生枝。在叶片生长末期，当年生枝在水分输送过程中阻力急剧增大，最终达到最高值。因此，当年生枝成为叶片生长季末期最容易发生空化的部分，成为劣势枝条。在良好的生长条件下，寿命较短的部位能够维持相对较小的水分传输阻力；在不利生长条件下，寿命较短的部位比寿命较长的部位具有更强的水分传输阻力和易空化性，属于劣势部位，容易被水力隔离甚至被放弃。以胡杨、柽柳为主体的荒漠河岸林植物主要是通过牺牲劣势枝条、提高部分竞争力强的优势枝条的水分获取能力来确保整株植物的存活机会(陈亚宁 等,2016)。

根系比导率和冠层比导率的变化是相对独立的,这是由于根系的吸水能力强于冠层。有研究证明,根系导水率可以不受冠层的影响而发生变化,这是因为根的脆弱性较低,吸水能力较强(Alsina et al.,2011)。在生长季6—9月期间,冠层比导率基本保持稳定,根系比导率除8月份外也能够保持相对稳定。这可能是由于8月份发生了高频降雨事件,8月降水量大约是往年年平均降水量的三倍,引起了根系木质部内部分栓塞的消除,致使根系比导率明显增加,这与前人的研究一致(West et al.,2007)。叶片比导率基本保持稳定,这与Petit等(2016)的研究一致,该研究表明,白蜡树的单位叶面积水分输送效率能够保持稳定。有学者推测,叶片导水率的季节性下降是叶片衰老的触发因素,叶片导水率的下降引起植物光合能力和碳吸收能力的下降。植物光合能力和碳吸收能力的下降会产生碳限制,碳限制首先会影响叶柄,因为叶柄比叶片更接近木质部,然后是当年枝条。叶柄比导率在叶片生长结束前下降,当年生枝比导率在叶片生长结束时下降。较低的比导率值可能会放大植物体内水分不足的影响,一年生枝比导率在叶片生长期明显增加,然后保持稳定,说明一年生枝在供水中优先于其他部位。由于叶片水势与细胞膨胀之间存在精细的反馈回路,即使在高蒸发需求的情况下,在恒定的水分输送能力下,也能使叶片水势保持稳定(Gries et al.,2003)。除叶片外,其他部位比导率的变化是相互调节和配合的,从而维持叶片比导率的相对稳定和对叶片供水的稳定,进而维持了植物体内水分平衡。

研究表明,树木生长特性对植物水力特性具有重要的影响。随着叶表面积、株高、基茎直径和木质部横截面积的增加,胡杨冠层水分输送能力增强。其中,叶片总面积的调节对冠层水分输送效率的影响最大。木质部水分输送效率计算方法为植物茎部水流速度与压力梯度之比。一般情况下，水在茎中的流速随着茎部直径的增加而增加，在同样的压力梯度下，木质部水分输送效率增加，即增加了其水分输送能力(Becker et al.，2000；Zhang et al.，2014a，2014b)。高大的树通常茎粗，冠层部分较大，从而在水分输送过程中能够获得较大的输送面积，提供更高的水通量。因此，树木大小与水分输送能力呈正相关关系是普遍规律(Maherali et al.，2000)。更多的叶片能够提供更大的蒸腾能力，所以需要更大的水分输送能力。因此，对于不同的树木，生物量越大或树干越大，木质部的水分输送效率就越高。对于同一棵树，短时间内叶片生物量的变化对树木冠层水分输送效率的影响最大，进一步影响根系的水分传输效率。之前有研究表明，根系水分输送效率的变化与植物生长的季节变化是密切相关的(Horton et al.，2001)。生长季对植物水力特性的影响，很大程度上通过影响植物的生长特性，从而影响其水力特性。

在本研究中，胡杨各部位导水率没有表现出日变化特征，说明胡杨水分输送能力与所处光环境状态无关，不具有光依赖性。这一结果与之前关于某些植物的导水率对光强变化很敏感的报道相矛盾。以前的研究发现，一些品种的幼苗在严重的遮阴下生长，导水率会降低，水分传输能力会下降(Tyree et al.，2005；Voicu et al.，2011；Barigah et al.，2006)。这可能是由于植物在高辐照度环境下，在较大直径的茎内形成高密度导管，满足其输水需求。然而，这种结构的调整需要较长时间的形成过程(Gullo et al.，2010；Sack et al.，2005)。因此，植物水分输送效率的光依赖可能不是一种普遍现象，尽管它可能在某些物种中是必要的。有学者认为，气孔导度与叶片的水力特性有关，这可能是因为某些物种的叶片水力特性表现出日变化特征，与气体交换密切相关，限制了水分进入大气以减少水分损失(Tyree et al.，2005；Voicu et al.，2011)。胡杨各部位水力特性无日变化特征，但是叶片气孔导度具有明显的日变化特征，说明在胡杨正常生长过程中，气孔开度对导水率影响很小。这可能是因为叶片在6—9月水力特性基本保持稳定,即叶片的供水能力保持稳定,使叶片储水和水环境相对维持稳定,只有当叶片出现水力特性的失衡时才会导致叶片内水流动阻力较大的变化,使叶片储水能力变差,从而引起气孔感知植物水分输送能力的变化。以往也有研究表明,某些品种叶片的导水率与气孔导度关系不大:脱落酸处理的核桃未能开放气孔,但对其水分输送能力影响不大;绿藻水分输送效率损失50%,但对其气孔导度影响很小(Gullo et al., 2010; Vadez et al., 2014)。

在生长季期间,枝条比导率变化受枝条水势影响,枝条木质部水势降低,干旱胁迫增加时,枝条比导率增加,即枝条对单位面积叶片的供水能力增加。叶片水势一直维持稳定,叶片比导率也基本保持不变。这种关系说明了水分状况与叶片水分输送效率之间的重要联系。在木质部水势较低的条件下,由于供水量的变化而引起的枝条各部位导水率的变化,将伴随着蒸腾的快速调节,努力维持叶片水势,避免木质部栓塞,以保证水分输送的完整性(Zhu et al., 2009; Pivovaroff et al., 2016)。枝条脱水处理后,枝条和叶片的比导率均增加,这是由于枝条木质部水势的急剧下降同步引起叶片水势下降,从而导致叶片水分平衡被破坏,叶片比导率改变。在叶片水分状态波动较大的环境中,植物水力特性受木质部水势的临界阈值控制,该阈值可能导致木质部的空化栓塞,从而引起水分输送效率的变化(Franks et al., 2007)。当木质部水势进一步降低时,水势的下降反映了干旱胁迫进一步加剧,叶片不能维持水势的稳态,从而引起叶片输水能力的变化,即单位面积叶片的供水能力不能保持稳定。胡杨叶片和枝条对单位叶面积的供水能力,分别随着叶片和枝条水势的降低而增加,这种随着干旱胁迫加剧而增加的现象体现了一种负反馈机制,是胡杨在相对极端的条件下表现出的风险策略。植物可以利用自身的适应性功能特性来适应具有挑战性的环境,从而提高抗性和适应性(Dunbar et al.,

2009；Targetti et al.，2013）。干旱胁迫下的水分输送策略为干旱地区胡杨的生存优势提供了进一步的证据。

第五节 总 结

本章我们进行了一系列精细的测量，并模拟了胡杨在脱水过程中的生理响应。通过对胡杨全根、全冠以及分枝等关键部位水力特性的数据分析，深入探究胡杨在生长季（6—9 月）的水力特性及其动态变化。本章得出的主要结论如下：

（1）在生长季（6—9 月），胡杨各部位比导率日变化无统计学意义（$p>0.05$）。除叶片比导率外，月份对各部位比导率影响极显著（$p<0.01$）。在胡杨木质部水分输送中，冠层部分对水分传输的阻力作用占比为 60%~82%，胡杨根系在木质部水分输送中产生较小的水力阻力，起主要的传输作用。胡杨整个枝条不同部位的水力阻力占比由大到小依次为叶片、枝、叶柄。叶片的水力阻力占比为 50%~76%，明显高于其他部位。在叶片生长前期，一年生枝水力阻力占比约为 28%，当年生枝水力阻力占比约为 8%。在叶片生长末期，一年生枝水力阻力占比迅速下降到约 12%，当年生枝水力阻力占比迅速升高到约 24%，超过一年生枝条。可见，在不利生长条件下，胡杨当年生枝比一年生枝具有更强的水分传输阻力，当年生枝在木质部水分输送中属于劣势部位。

（2）胡杨根系导水率与冠层导水率显著相关（$R^2=0.22$，$p<0.05$）。根系导水率与生长特性各变量之间不存在显著相关关系（$p>0.05$）。胡杨冠层导水率与总叶面积、株高、基径以及木质部横截面积呈极显著相关关系（$p<0.01$）。随着胡杨总叶面积和叶片生物量的增加，植株高度的增加，植株径向生长和胸径的增加，其冠层导水率增加，水分输送效率增强。其中，总叶面积和叶片生物量对胡杨冠层的影响最大。叶片比导率受叶片水势影响，枝条比导率受枝

条水势影响,叶片比导率和枝条比导率均随着对应部位水势降低而增加。在6—9月,叶片水势基本不变,叶片比导率相应地能够保持稳定,其值约为 $1.14(\pm 0.09)\times 10^{-3}$ kg·s^{-1}·MPa^{-1}·m^{-2}。

基于以上主要结论,我们发现:在一天之内,胡杨的水力传输效率保持相对稳定,不受时间变化的影响。随着生长季的进行,胡杨各部位的水力传输能力可能因环境因素(如温度、光照、水分等)的季节性变化而发生变化。在胡杨的木质部水分输送过程中,冠层在胡杨的水分传输系统中起到了关键的调节作用。相比之下,胡杨的根系在木质部水分输送中作为水分主要传输通道具有重要性,根系的高效水分传输能力确保了胡杨能够在干旱环境中稳定生长。叶片在胡杨的水分传输系统中,既是关键的水分消耗者,也是重要的水力阻力来源。胡杨根系和冠层在胡杨的水分传输系统中是相互关联的,它们之间的协调作用对于维持植物的正常生长至关重要。冠层导水率与胡杨的生长状态密切相关,随着植株的生长和发育,冠层导水率逐渐增加,水分输送效率也随之增强。其中,总叶面积和叶片生物量对冠层导水率的影响最为显著。根系导水率则更多地受到土壤水分、地下水位等环境因素的影响,而与植物本身的生长特性关系不大。本章的研究还发现,胡杨在生长季内具有相对稳定的水力传输能力。这一研究不仅有助于我们更深入地了解胡杨的生长和生存机制,也为其他干旱和半干旱地区植物的研究提供了有益的参考。

第四章　胡杨水力特性对干旱胁迫的响应机制

　　前期通过对生长季胡杨水力特性的研究表明,在干旱条件下,胡杨枝条和叶片的导水率显著提高。然而,干旱对整个植株的影响尚未确定,同时不同的干旱程度引起植物水分输送能力的变化机制尚不清楚。水力特性是影响植物在不利水环境中维持主动水力功能的重要因素(Engelbrecht et al.,2007;Sack et al.,2005)。大量研究表明,植物对干旱的反应包括水分输送效率的变化和木质部空化可能性的增加(Meinzer,2002;Cochard et al.,2004;Willson et al.,2006;Ladjal et al.,2005)。干旱胁迫增加了木质部的水分张力,增加了在植物水分运输系统中产生空化的风险。干旱胁迫还会影响植物木质部的解剖结构和生理活性。在不利的水环境中,某些物种的水力衰竭是植株冠层死亡甚至整体死亡的原因之一。为了应对干旱条件下的缺水环境,植物通过解剖结构的调整和代谢途径的调节来增强获取和运输水分的能力(Sun et al.,2016;Sperry et al.,2002),从解剖结构和生理变化上研究树木水力特性的变化,可以为植物对干旱响应策略的研究提供更多的信息。整个水通道包括根、茎和叶的木质部导管,故而整个植株的水力特性是由根、茎和叶的水力特性共同决定的(Martre et al.,2002)。在极端干旱条件下,胡杨各器官间的水分输送能力是否同步尚不清楚。因此,需要同时研究各器官的水力特性及其随干旱胁迫加剧的变化特点,以增加对水力特性的干旱响应机制的了解,这可能解释目前由于缺水而造成的胡杨冠层死亡现象。对于植物体内水分传输能力的研究,可以确定在水分亏缺条件下植物达到水力极限的外界水分条件,水分传输状况的综合分析能够为植物维持生存的生态策略提供更多的信息。为研究干旱条件下胡杨植株水力特性的变化机理和干旱响应机制,本章进行了控制试验,试图回答以下问题:①在不同的水分胁迫下,胡杨的水力特性是否不同?是否存在导致植物整体或特定部位水力失效的土壤含水量阈值?②在不同的水分胁迫下,胡杨木质部解剖结构或生理机能是否会变化?③在不同的水分胁迫下,胡杨木质部水分输送能力与木质部空化脆弱性之间是否存在权衡关系?

第一节 试验设计与方法

一、试验材料

在把胡杨幼苗移栽到花盆之前,将它们在苗圃里培育 2 年左右。4 月初,将 100 株胡杨幼苗移栽到花盆中(直径约为 33 cm,高度约为 25 cm),置于室外自然环境中。花盆内土壤为河道内幼株地挖回来的自然土壤,土质主要以沙土和沙壤土为主。正常培育期,7 d 浇水 3 L,保证这些树苗生长了 3 个月后开始试验。

7 月中旬左右,我们从这些树苗中选择 20 个健康、挺直、无压力、生长良好的样本进行干旱处理。这些幼苗高约 40 cm,胸径约为 0.45 cm。试验中,干旱处理是通过暂停灌溉来减少水的供应。同时,在处理过程中,雨天在花盆上放置一个透明的塑料棚,以确保干旱的持续可控性。样本被分成 5 组,每组 4 株幼苗。各组均接受下列干旱处理之一:对照组(0 d 干旱)、7 d 处理组(干旱期持续 7 d)、14 d 处理组(干旱期持续 14 d)、21 d 处理组(干旱期持续 21 d)、28 d 处理组(干旱期持续 28 d)。所有干旱处理均在 0~28 d 内进行。不同干旱处理的起始日不同,确保各组所需的干旱持续时间相同,避免了在不同干旱处理中由植株生长引起的差异。因此,不同干旱处理的开始时间分别是试验结束前 28 d、21 d、14 d、7 d、0 d。各组在湿润期的幼苗仍按以前的方法浇水,所有幼树在干旱处理后立即测量。

二、水力参数的测定

本研究采用水灌注法和高压流量计(HPFM-GEN3, Dynamax Inc., Houston, USA)测定幼苗各部位的导水率(k, kg·s^{-1}·MPa^{-1})。HPFM 是一种将植物与压力耦合器相接,受压力驱动将蒸馏水注入根系或茎部的仪器,同时测量相应的流量。然后,从施加的压力和流量之间的关系中得到导水率。采用 HPFM 测定导水率的优点在于能够进行原位测定。以往在测定根系导水率时,需要截取根系茎段,在样本获取时根系往往受到破坏。原位测定能够避免将根系破坏,同步减少了由于根系被破坏产生的测量误差,同时也能够减少不必要的工序。也就是说,在测定时根系能够保持完整的结构和原有的水分输送能力,测量时施加压力的方向与根系内液流方向相反。根系导水率的测量是使用 HPFM 在"瞬态模式"下进行的,压力从 0 迅速增加到 500 kPa;然后根据线性回归的斜率计算,通过操作系统在参考温度为 25 ℃时对数据进行校正,以补偿由于测量温度的不同而引起的水黏度变化,进而得到根系导水率的测量值。冠层导水率的测量是通过 HPFM 在"稳态模式"下进行的,我们测量时设定的压力为 350 kPa,直到进入木质部的水流速度稳定后,从而得到冠层导水率的值。每次导水率的测量过程持续时间大约为 10 min。

在 6—9 月选择典型晴天,分别于 06:00、10:00、14:00、18:00、24:00 时测定各部位导水率值,每组进行 3 次重复。首先,对 60 株幼树的根系导水率和冠层导水率进行测定。其次,从离地面 3 cm 处剪断主茎,将主茎的末端和根的上端分别连接到仪器上进行测定,分别得到冠层导水率(k_{shoot})和根系导水率(k_{root})。最后,去除叶片,测量得到裸冠导水率(k_x),叶片的导水率(k_{leaf})基于欧姆定律的水力模拟计算,计算公式如下:

$$k_{\text{leaf}} = (k_{\text{shoot}}^{-1} - k_x^{-1})^{-1} \tag{4.1}$$

三、总叶面积的测定

为了确定总叶面积,从各组的所有幼苗中选取几片新鲜叶片贴在方格纸上,画出它们的轮廓,计算叶片覆盖大于50%网格面积的网格数量。然后,用网格的数量乘以单个网格的面积来计算这些叶片的叶面积。之后,将这些新鲜叶片冷冻于液氮中,以供进一步研究。此外,从各组的所有幼苗中再分别选取 5~10 片叶子,其叶面积计算同上。这些叶片在设定 80 ℃ 的烘箱中干燥,然后用电子天平称重,以获得每棵幼苗比叶重。剩余叶片的叶面积计算方法和前面相同。最后,保存于液氮的叶面积加上剩余叶片的叶面积即为总叶面积。测量结束后,干燥的叶子被储存在信封里,用于之后测定离子含量。

四、气体交换参数的测定

用 Li-6400 便携式光合作用系统(Li-cor, Lincoln, Nebraska, USA)测量了叶片净光合速率($\mu mol CO_2 \cdot m^{-2} \cdot s^{-1}$)、蒸腾速率($mmol H_2O \cdot m^{-2} \cdot s^{-1}$)和气孔导度($mol H_2O \cdot m^{-2} \cdot s^{-1}$)。测定时间为 10:00—13:00,且和木质部导水率测定在同一天进行。我们在每棵树顶部选取 3 片完全伸长的叶子来进行测量。测量光强设定为 1200 $\mu mol \cdot m^{-2} \cdot s^{-1}$(采用 6400-02B 红蓝 LED 光源提供),CO_2 浓度为 400 $\mu mol \cdot mol^{-1}$、500 $\mu mol \cdot mol^{-1}$、600 $\mu mol \cdot mol^{-1}$、700 $\mu mol \cdot mol^{-1}$、800 $\mu mol \cdot mol^{-1}$(采用 6400-01 CO_2 混合器提供)。最后,以净光合速率与蒸腾速率的比值估算了水分胁迫下相应的水分利用效率(W_{WUE}, $\mu mol CO_2 \cdot mmol H_2O^{-1}$)。

五、土壤含水量的测定

在水力参数测量结束后,将花盆中带有根的土壤倒空,每个花盆土壤用 3 个铝盒(直径约 50 mm,高度约 30 mm)装满根际土壤,测量土壤含水量(θ)。土壤含水量的计算公式如下:

$$\theta = (M_w - M_d)/(M_d - M) \times 100\% \tag{4.2}$$

其中,M_w 为湿土与铝盒重量;M_d 为 105 ℃烘干后的干土与铝盒重量,为恒重;M 为空铝盒重量。

测定土壤含水量后,将所有胡杨幼苗的主茎和主根上方约 3 cm 长的部分剪下,连同叶片一起清洗干净,装入塑料瓶中并用甲醛-乙酸-70%乙醇固定剂(5∶5∶90)进行软化,同时使用软化溶液进行密闭保存,收集的样品用于后续微观结构的观察。

六、生理生化指标的测定

液氮中的叶片转至超低温冰箱(-80 ℃)中进行保存。本研究采用中国苏州科铭生物技术有限公司生产的试剂盒对样品中生理生化指标的含量进行分析测定。将新鲜叶片用液氮研磨后用分析天平精确称取 0.1 g 样品,然后加入 1 mL 的磷酸缓冲液(pH=7.8)进行冰浴匀浆。在 4 ℃环境中用 12000 r/min 离心 15 min,提取上清液,所得上清液即为待测粗酶液,置于 4 ℃冰箱中备用。丙二醛(MDA)能够决定植物氧化应激可能的生理特性,反映应激对细胞膜的损伤。所得上清液用硫代巴比妥酸(Thiobarbituric acid,TBA)色谱法测定 MDA 的含量。测定原理是 MDA 在较高温度及酸性环境中能够与硫代巴比妥酸缩合,生成红色的 MDA-TBA 加合物,测定其在波长 600 nm 处的吸光度,因红色加合物在波长 532 nm 处有最大吸收峰值,测定其在波长 532 nm 处的吸光度,通过比色过程能够测定样品中过氧化脂质的含量;通过在波长 600 nm 与 532 nm 下测定的吸光度值的差计算得到 MDA 的含量。SOD 活性用氮蓝四唑(Nitro-blue tetrazolium,NBT)比色法测定,原理是甲臜是一种蓝色物质,在波长 560 nm 处有特征光吸收,甲臜是氮蓝四唑被超氧阴离子还原时生成的产物。黄嘌呤及黄嘌呤氧化酶反应能够产生超氧阴离子,SOD 可清除超氧阴离子,则甲臜形成和抑制过程能够反映超氧阴离子的含量和 SOD 催化活性。反应液所呈现的蓝色越浅,说明甲臜越少,SOD 催化活性越高;反之,则甲臜越多,SOD 催化活性越低。采用愈创木酚染色法测定过氧化物酶(POD)活性,其原理是 POD 催化 H_2O_2 氧化特定底物,在 470 nm 处有特征光吸收。过氧化氢酶(CAT)活性采用钼酸铵比色法测定,其原理是在最佳酶反应条件下,过氧化氢能与钼酸铵反应,通过氧化作用和分子间脱水缩合,形成性质稳定的黄色物质,黄色深浅程度与酶活性呈反比。该物质为复合物,且在波长 405 nm 处有强烈吸收峰,根据复合物的吸光值和过氧化氢浓度具有线性关系,则体系内剩余过氧化氢的量能够通过在波长 405 nm 处的吸光值确定,即可反映 CAT 的催化活性。

将新鲜叶片用液氮研磨后用分析天平精确称取 0.1 g 样品,用 5 mL 3% 磺基水杨酸充分研磨提取后将匀浆移至离心管,之后置于 95 ℃ 水浴振荡提取 10 min;取 10000 g,25 ℃ 离心 10 min,取上清液冷却后待测。脯氨酸含量的测定方法为酸性茚三酮比色法,脯氨酸游离在磺基水杨酸中,加热处理后,酸性茚三酮溶液与脯氨酸反应,生成稳定的红色化合物;加入甲苯萃取后,色素全部转移至甲苯中,色素的深浅表示脯氨酸含量的高低,在波长 520 nm 处测定吸光度。

用分析天平称取 0.1~0.2 g 样品,将样品置于研钵中加入少量蒸馏水充分研磨,将研磨好的匀浆倒入离心管并用蒸馏水定容至 10 mL,离心管盖好后置于水浴锅中 30 min,设置温度为 95 ℃,冷却后,用离心机离心,设置转速为 3000 r/min,然后取上清液进行测定。可溶性糖含量采用蒽酮比色法测定,加蒽酮试剂后 95 ℃ 水浴 10 min,

冷却后于波长 620 nm 处测定吸光值。

七、离子含量的测定

将干燥的叶片研磨后过筛,再用分析天平精确称量 0.25 g 叶片,将样品置于陶瓷坩埚中,加入 4 mL 浓 HNO_3 消化,然后置于 200 ℃ 的电热板上加热,大约加热 1 h,陶瓷坩埚中液体蒸发至几乎干燥。再将装有样品的坩埚转移到马弗炉,使样品在 450~500 ℃ 下灰化 8 h 左右,直至坩埚中所有样品灰化完全,呈灰白色残渣状。将坩埚冷却后在残渣中加入 4 mL 浓 HCl 完全溶解,形成溶液状。再用去离子水将溶液定容至 10 mL,待测。用电感耦合等离子体发射光谱仪(Optima 8000,PerkinElmer Inc.,Waltham,MA,USA)进行 K^+、Mg^{2+}、Ca^{2+}、Na^+ 等阳离子含量的测定。

八、解剖结构的测定

样品从固定液中取出,需要制作石蜡切片。石蜡切片是组织学常规制片技术中最为广泛应用的方法,可用于观察细胞组织的形态结构。将样品径向切成 3~5 mm 长度,用分级乙醇系列(50%、70%、85%、95%、100%)脱水。由于石蜡和乙醇互不相溶,试验使用二甲苯作为媒介来进行样本石蜡包埋前处理,再用石蜡进行脱水等处理后进行包埋。样品包埋好后,使用滑动切片机将每个样品的横剖面切出多个 16 μm 厚度的薄片,然后用甘油粘在载玻片上,用 0.1% 番红和 0.5% 固绿染色 3~5 min,叶片染色时间稍短,染色完毕后将样品用快干胶固定在载玻片上,在载玻片上盖上盖玻片,得到永久组织切片,用于显微镜观察及保存。

准备好的切片样品用数码相机连接到奥林巴斯 BX50 光学显微镜(Olympus CX31,Olympus America Inc.,Center Valley,PA,USA)进行观察和拍摄。用 0.1% 番红和 0.5% 固绿染色后,观察可见成熟导管,木质部成熟的导管经染色处理后会被染成红色或者紫红色,选择距离韧皮部较近的成熟导管进行观察和测定。利用图像分析软件测量解剖特征,木质部径向部分分为 4 个部分,对每部分至少 30 根导管进行测量,得到这些导管的直径(d)(Jacobsen et al.,2007)。根据公式计算导管水力直径(d_h):

$$d_h = \sum d^5 / \sum d^4 \tag{4.3}$$

导管水力直径(d_h)通过其水力贡献对导管直径进行加权。

用$(t/b)^2$作为导管壁机械强度的判断指标,其中 b 为导管直径,t 为相邻导管间壁厚度。

此外,对于叶片的切片样品,测量叶片厚度和栅栏组织厚度。

九、导管表面结构的测定

本研究用超高分辨率热场发射扫描电子显微镜(MLA650,FEI Inc.,Oregon,OR,USA)对胡杨幼苗导管细胞壁的表面结构进行观测。样品从固定液中取出后,根、茎的样品径向被切成 5~10 mm 的长度,轴向切成 3~5 mm 厚度,用分级乙醇脱水,再用丙酮脱水,然后用自动临界点干燥仪(EM CPD300,Leica Microsystems Inc.,Germany)干燥样品。干燥后的标本用低真空镀膜仪(EM ACE200,Leica Microsystems Inc.,Germany)镀金属膜,制作好后能够用扫描电子显微镜观察样本。用数字扫描电子显微镜在 5~10 kV 下进行观察,使用标准的图像分析软件对图像进行扫描和分析,分析导管壁结构,测量导管壁表面纹孔大小。

十、数据分析

本研究采用 SPSS 19.0、Excel 2007 和 Origin 8.0 软件进行数据处理和统计分析。采用 SPSS 19.0 软件对干旱条件下胡杨各部位的水力参数、解剖结构参数、气体交换参数、生理生化指标等进行方差分析,确定不同干旱条件下这些参数的显著性差异；用 Origin 8.0 进行绘图。

第二节　干旱胁迫对胡杨导管解剖结构的影响

一、干旱胁迫下胡杨导管水力直径的变化

在进行水分运输的网络中，木质部发挥主要的水分输送作用。植物的各部位通过木质部连通，水分主要通过木质部导管向上运输最终到达叶片部位。导管细胞都是厚壁的伸长细胞，导管细胞顶端溶解形成穿孔，使上下导管细胞相连通，构成连续的导管组织。导管水力直径能够决定水在植物木质部内的流速，导管水力直径的变化会直接影响木质部导管的水分输送能力，这对水分输送具有重要的功能意义。由胡杨根、茎、叶木质部横截面显微图可见，经过染色后，导管为红色，导管以单根或两至五根为一组的形式形成导管群分布。导管群的出现有助于植物避免高蒸发需求下引起导管栓塞，以单根或两至五根为一组的导管群分布状况与干旱处理无关（$p>0.05$）。根和茎木质部导管直径较大。

随着干旱胁迫持续时间的增加，胡杨根和茎的木质部导管水力直径均呈现先增加后减少的趋势。在对照处理组，胡杨根木质部导管水力直径为 37.65 μm。从对照组到干旱 21 d 时，根木质部导管水力直径显著增加，达到 46.15 μm，比对照组增加了 22.6%。从干旱 21 d 到干旱 28 d 时，根木质部导管水力直径显著降低到 41.41 μm，是对照组值的 1.10 倍。处理组根木质部导管水力直径均高于对照组。在对照处理组，胡杨茎木质部导管水力直径为 29.52 μm。从对照组到干旱 14 d 时，茎木质部导管水力直径显著增加，达到 37.26 μm，比对照组增加了 26.2%。从干旱 14 d 到干旱 28 d 时，茎木质部导管水力直径逐渐降低。在干旱 28 d 时，茎木质部导管水力直径为 32.32 μm，

比对照组增加了9.5%。干旱处理组的茎木质部导管水力直径均高于对照组。在对照处理组,胡杨叶木质部导管水力直径为12.12 μm。从对照组到干旱28 d时,叶木质部导管水力直径呈增加趋势。在干旱28 d时,叶木质部导管水力直径为16.05 μm,比对照组增加了32.4%。随着土壤含水量的降低,干旱胁迫程度的加剧,胡杨叶木质部导管水力直径轻微增加,和根、茎相比,干旱胁迫下胡杨叶木质部导管水力直径值相对稳定。胡杨在不同干旱胁迫下木质部导管水力直径的变化情况如图4.1所示。

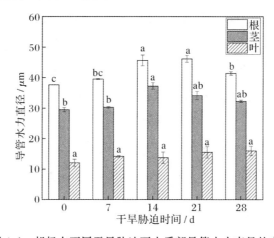

图4.1 胡杨在不同干旱胁迫下木质部导管水力直径的变化

二、干旱胁迫下胡杨导管壁厚度的变化

在进行水分运输的网络中,木质部除了发挥主要的水分输送作用,也担任着重要的支撑作用。导管壁厚度的大小决定了导管支撑能力和抗压能力的强弱。在一定的条件下,植物体内木质素渗入细胞壁并进行填充,通过木质素的不断作用使导管壁硬度增加,进而能够增加导管壁的厚度,使导管壁的支撑能力和抗压能力增强。在对照处理组,胡杨根木质部导管壁厚度为2.52 μm。从对照组到干旱胁迫持续28 d时,根木质部导管壁厚度在轻微增加。在干旱28 d时,

根木质部导管壁厚度为2.77 μm,比对照组增加了9.9%。在对照处理组,胡杨茎木质部导管壁厚度为2.03 μm。从对照组到干旱胁迫持续28 d时,茎木质部导管壁厚度在轻微增加。在干旱28 d时,茎木质部导管壁厚度为2.38 μm,比对照组增加了17.2%。在对照处理组,胡杨叶木质部导管壁厚度为1.42 μm。与根、茎不同,从对照组到干旱胁迫持续28 d时,叶木质部导管壁厚度一直逐渐增加。在干旱28 d时,叶木质部导管壁厚度为2.33 μm,比对照组增加了64.1%。干旱处理组的叶木质部导管壁厚度均高于对照组(见图4.2)。可见,随着土壤含水量的降低,干旱胁迫程度的加剧,胡杨根和茎木质部导管壁厚度轻微增加,细胞壁硬度和导管壁机械支撑能力一定程度的增加。胡杨叶木质部导管壁厚度显著增加,导管壁硬度增加,导管壁的机械支撑能力和抗压能力显著增强,和根、茎相比,干旱胁迫下胡杨叶木质部导管壁机械支撑作用和抗压能力更强。

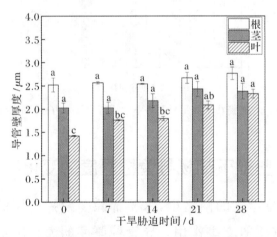

图4.2 胡杨在不同干旱胁迫下木质部导管壁厚度的变化

第三节 干旱胁迫对胡杨纹孔结构的影响

一、干旱胁迫下胡杨离子含量变化

阳离子的浓度变化会产生离子效应,由于水分通过导管壁纹孔在相邻的导管之间流动,阳离子浓度的改变会引起导管壁果胶的膨胀和收缩,从而引起纹孔大小的变化,因此这些阳离子的调节作用会通过果胶性质引起的收缩变化来影响纹孔直径。木质部的水分输送能力对离子浓度敏感,随离子浓度的增加而增大。干旱胁迫下,植物体内会积累无机离子。

在对照处理组,胡杨体内 K^+ 含量为 175.58 mg/L。从对照组到干旱 7 d 时,K^+ 含量显著升高,达到 278.00 mg/L,比对照组增加了 58.3%。从干旱 7 d 到干旱 14 d 时,K^+ 含量轻微下降,从干旱 14 d 到干旱 28 d 逐渐升高。在干旱 28 d 时,K^+ 含量为 275.60 mg/L,比对照组增加了 57.0%。干旱处理组的 K^+ 含量均高于对照组。在对照处理组,胡杨体内 Ca^{2+} 含量为 144.88 mg/L。在干旱持续的过程中,从对照组到干旱 28 d 时,Ca^{2+} 含量增加,在干旱 28 d 时,Ca^{2+} 含量为 207.63 mg/L,比对照组增加了 43.3%。在对照处理组,胡杨体内 Mg^{2+} 含量为 98.5 mg/L。从对照组到干旱 7 d 时,Mg^{2+} 含量显著升高,达到 122.33 mg/L,比对照组增加了 24.2%。从干旱 7 d 到干旱 14 d 时,Mg^{2+} 含量显著降低。从干旱 14 d 到干旱 28 d,Mg^{2+} 含量基本维持稳定。在干旱 28 d 时,Mg^{2+} 含量为 105.3 mg/L,比对照组增加了 6.9%。干旱处理组的 Mg^{2+} 含量均高于对照组。在所有处理组和对照组,K^+ 含量最高,Ca^{2+} 含量次之,Mg^{2+} 含量最低,各干旱处理主要阳离子(K^+、Ca^{2+}、Mg^{2+})浓度均高于对照组(见图 4.3)。随着离子浓度的增加,会引起导管壁果胶的收缩,使导管壁上纹孔孔径变大,从而使水分通过纹孔连接在相邻导管之间的流动性增强。

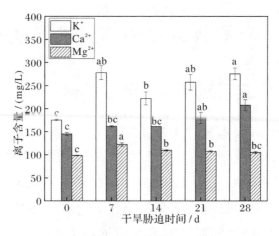

图 4.3　胡杨在不同干旱胁迫下离子含量的变化

二、干旱胁迫下胡杨丙二醛含量的变化

在胁迫环境中,植物体内自由基作用于脂质发生过氧化反应,最终氧化产物为丙二醛(MDA),MDA 的积累程度可以反映植物具有的细胞毒性和受环境胁迫的损伤程度。MDA 含量的增加会导致对细胞膜损害程度的增加,降低细胞膜的收缩性和通透性,进而能够限制导管壁果胶的膨胀和收缩,引起纹孔大小的变化。随着干旱胁迫持续时间的增加,胡杨叶片中 MDA 含量持续增加。在对照处理组中,叶片 MDA 含量为 33.51 nmol·g^{-1}。从对照组到干旱 7 d 时,MDA 含量基本不变。从干旱 7 d 到干旱 21 d 时,MDA 含量缓慢增加,MDA 含量在干旱 21 d 时值为 51.13 nmol·g^{-1},比对照组增加了 52.6%。从干旱 21 d 到干旱 28 d 时,MDA 含量增加了 35.3%,显著增加到 69.19 nmol·g^{-1},使得在干旱 28 d 的 MDA 含量大约是对照组的 2 倍(见图 4.4)。可见,干旱胁迫对叶片 MDA 含量有显著的影响,随着干旱胁迫程度的加剧,叶片中 MDA 含量不断增加,胡杨叶片中膜脂过氧化作用产生大量有害代谢产物,对细胞膜的损害程度增加,降低细胞膜的收缩性,影响导管壁果胶的收缩,使果胶变得松弛和膨胀,使导管壁纹孔变小。

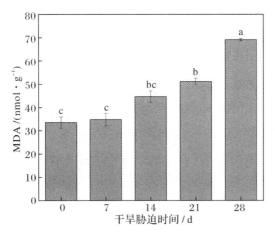

图 4.4 胡杨在不同干旱胁迫下 MDA 含量的变化

三、干旱胁迫下胡杨纹孔直径的变化

在胡杨木质部导管细胞壁次生加厚的过程中,由于产生次生壁时出现不均匀加厚,故产生了凹陷结构,即导管壁上出现孔纹结构,水分通过导管壁纹孔结构在相邻的导管之间流动。纹孔形态的变化与导管的水分输送能力有关。根导管壁纹孔直径较小,排列整齐,每排纹孔数量较多。茎导管壁纹孔直径较大,每排纹孔数量较少。

随着干旱胁迫持续时间的增加,胡杨根木质部导管壁纹孔平均直径呈现先增加后减少的趋势。在对照处理组,胡杨根木质部导管壁纹孔直径为 0.72 μm。从对照组到干旱 14 d 时,根木质部导管壁纹孔直径显著增加,达到 1.23 μm,比对照组增加了 70.8%。从干旱 14 d 到干旱 28 d 时,根木质部导管壁纹孔直径显著降低到 0.98 μm,是对照组值的 1.36 倍。处理组根木质部导管壁纹孔直径均高于对照组。在对照处理组,胡杨茎木质部导管壁纹孔直径为 1.11 μm。从对照组到干旱胁迫持续 28 d 时,各组处理中茎木质部导管壁纹孔直径无显著差异(见图 4.5)。

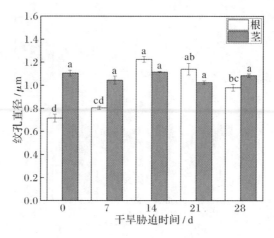

图 4.5　胡杨在不同干旱胁迫下导管壁纹孔直径的变化

当胡杨根木质部导管壁纹孔直径显著增加时,使水分通过侧壁的流通性增强,促进水分通过纹孔在相邻的导管之间流动。和胡杨根木质部结构相比,胡杨茎木质部导管壁纹孔直径大小比较稳定,在茎木质部中导管内,水分通过侧壁纹孔传输的阻力不变,水分通过纹孔在相邻的导管之间流通性基本不变。可能由于根木质部导管壁纹孔直径本身比较小,故在干旱胁迫时受到的影响比较大,变化比较显著。同时,根系在土壤吸水过程中,水分子吸入根系很大程度上依靠径向传输,故根木质部导管壁纹孔直径变化较为敏感。

第四节　干旱胁迫下胡杨水力特性与木质部安全的权衡

一、干旱胁迫下胡杨各部位水力特性的变化

随着干旱持续时间的延长,干旱胁迫程度不断加剧,土壤含水量持续下降,胡杨根、冠、叶的比导率值呈现先增加后减少的趋势。从对照组到干旱一直持续到 21 d 过程中,根系比导率不断增加,在干旱持续 21 d 时达到最大值,和对照组相比增加了 2.6 倍。从干旱 21 d

到干旱 28 d,该值急剧下降,根系比导率在干旱 28 d 的值比对照组减少了 35.6%。当胡杨根系比导率不断增加时,根系对单位面积叶片的供水能力不断增强。从对照组到干旱一直持续到 14 d 过程中,冠层比导率不断增加,在干旱持续 14 d 时达到最大值,和对照组相比增加了 1.6 倍。从干旱 14 d 到干旱 28 d,该值急剧下降,冠层比导率在干旱 28 d 的值比对照组减少了 84.3%。当胡杨冠层比导率不断增加时,冠层对单位面积叶片的供水能力不断增强。从对照组到干旱一直持续到 14 d 过程中,叶比导率不断增加,在干旱持续 14 d 时达到最大值,和对照组相比增加了 2 倍。从干旱 14 d 到干旱 28 d,该值急剧下降,叶比导率在干旱 28 d 的值比对照组增加了 44.7%。叶比导率各处理组的值均高于对照组。当胡杨叶比导率不断增加时,叶片对单位面积叶片的供水能力不断增强。和根、冠相比,胡杨叶比导率下降幅度较慢,叶对单位面积叶片供水的稳定性强于根、冠(见图 4.6)。

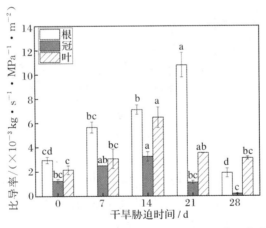

图 4.6 胡杨在不同干旱胁迫下各部位比导率的变化

二、干旱胁迫下胡杨维持水力特性的水分条件

随着干旱持续时间的延长,干旱胁迫程度不断加剧,土壤含水量持续下降,从对照组到干旱 7 d,土壤含水量急剧下降,从 22% 下降到 11%,下降了大约 50%。从干旱 7 d 到干旱持续 28 d,土壤含水量逐

渐下降,干旱 7 d、14 d、21 d 的土壤含水量依次为 11.4%、7.5% 和 5.7%。在干旱持续 28 d 时,土壤含水量下降至 4.5% 左右(见图 4.7)。当土壤含水量高于 5.7% 时,随着土壤含水量的降低,干旱胁迫程度的加剧,胡杨根系比导率不断增加,即根系对单位面积叶片的供水能力不断增强。当土壤含水量高于 7.5% 时,随着土壤含水量的降低,干旱胁迫程度的加剧,胡杨冠层比导率不断增加,即冠层对单位面积叶片的供水能力不断增强。当土壤含水量高于 7.5% 时,随着土壤含水量的降低,干旱胁迫程度的加剧,胡杨叶比导率不断增加,即叶片对单位面积叶片的供水能力不断增强。

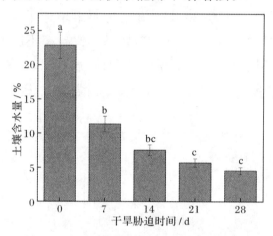

图 4.7　在不同干旱胁迫下土壤含水量的变化

先前的研究表明,水分传输是植物体内重要的过程,当组织木质部的比导率降低 80% 时,可以认定该组织水分输送能力丧失,能够引起该组织死亡。在本研究中,当经过 28 d 的干旱,土壤含水量在 4.5% 左右,胡杨根和冠的比导率值分别比对照组下降了 35.6% 和 84.3%。可见,当土壤含水量在 4.5% 左右时,胡杨冠层比导率下降程度大于 80%,可导致冠层死亡。此时,根系仍然存活。可见,在严重干旱情况下,相对于根系,冠层死亡发生相对较快。在植物冠层遭受灾难性损害之后,如果干旱胁迫改善,根系存活能够使植物从干旱期中恢复过来。

三、干旱胁迫下胡杨木质部安全的变化

导管壁机械强度是木质部导管支撑力和稳定性的衡量指标,能够用来衡量木质部安全性。随着干旱胁迫持续时间的增加,胡杨根、茎、叶的木质部导管壁机械强度均呈现先减小后增加的趋势。在对照处理组,胡杨根木质部导管壁机械强度为0.023。从对照组到干旱21 d时,根木质部导管壁机械强度显著降低,达到0.011,比对照组降低了52.2%。从干旱21 d到干旱28 d时,根木质部导管壁机械强度显著增加了45.5%,达到0.016,比对照组降低了30.4%。处理组根木质部导管壁机械强度均小于对照组。在对照处理组,胡杨茎木质部导管壁机械强度为0.060。从对照组到干旱14 d时,茎木质部导管壁机械强度显著降低,达到0.009,比对照组降低了85.0%。从干旱14 d到干旱28 d时,茎木质部导管壁机械强度逐渐增加。在干旱28 d时,茎木质部导管壁机械强度为0.017,比对照组降低了71.7%。干旱处理组的茎木质部导管壁机械强度均小于对照组。在对照处理组,胡杨叶木质部导管壁机械强度为0.080。从对照组到干旱14 d时,叶木质部导管壁机械强度逐渐降低,最低值为0.054,比对照组降低了32.5%。从干旱14 d到干旱28 d时,叶木质部导管壁机械强度逐渐增加。在干旱28 d时,叶木质部导管壁机械强度为0.093,比对照组增加了16.25%(见图4.8)。

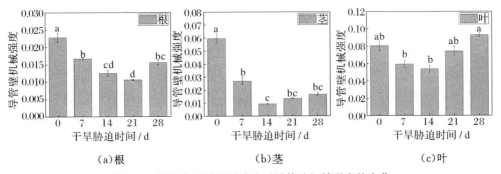

图4.8 胡杨在不同干旱胁迫下导管壁机械强度的变化

随着干旱持续时间的延长,导管壁机械强度先逐渐降低,木质部导管支撑力和稳定性不断减弱,在到达最低临界点后,导管壁机械强度逐渐增大。根木质部导管壁机械强度在土壤含水量为5.7%时达到最低临界点,茎和叶木质部导管壁机械强度同时在土壤含水量为7.5%时达到最低临界点值。可见,根木质部导管壁机械强度的耐性较枝、叶强,能够在干旱胁迫的条件下较长时间维持导管支撑力和稳定性。在导管壁机械强度到达最低临界点时,导管支撑力和稳定性最弱,超过这一临界点,导管向内凹陷,从而致使导管壁机械强度增加。胡杨根、茎、叶的木质部导管壁机械强度变化趋势和对应部位比导率值的变化趋势相反,在根、茎、叶的木质部导管壁机械强度达到最小值时,根、茎、叶比导率均达到最大值。

第五节 讨 论

一、胡杨水分传输效率的调节

很多研究证明,植物主要是通过调整其木质部水分输送能力来适应干旱胁迫环境,不同植物木质部水分输送效率对干旱的响应也不同,不同的响应取决于植物的水分利用策略(Bréda et al.,2006;Awad et al.,2010)。与本研究不同,一些研究表明,植物水势越高,其水分输送效率就越大;水势越低,木质部水流阻力就越大,水分输送效率就会降低,从而能够限制植物水分散失(杨启良 等,2011)。在干旱胁迫下,一些植物如臭椿等是通过减少叶片耗水和降低根系水分输送效率,利用高效节水的机理来应付干旱胁迫环境的(Trifilo et al.,2004)。刘晚苟等(2004)通过对玉米水分传输效率的研究发现,干旱对玉米根系产生了显著的影响,使根系结构发生改变,从而使根系木质部栓化加剧,水分传输阻力增加,导致根系水分输送能力减弱。相反,在干旱胁迫下,柔毛栎幼株能够保持较高的叶片相对含水量,同时它通过使根系保持高效水分输送能力来补偿蒸腾耗水量。同样，生长在干旱地区的西部黄松水分输送效率高于生长在湿润地区的该物种(Maherali et al.，2000)。这些研究与本研究结果一致，在土壤水易于获得时，随着干旱持续时间的延长，干旱胁迫程度不断加剧，土壤含水量持续下降，胡杨根、冠、叶的比导率值呈现增加趋势。当土壤含水量高于5.7%时，随着土壤含水量的降低，干旱胁迫程度的加剧，胡杨根系比导率不断增加，即根系对单位面积叶片的供水能力不断增强。当土壤含水量高于7.5%时，随着土壤含水量的降低，干旱胁迫程度的加剧，胡杨冠层比导率和叶比导率不断增加，即冠层和叶片对单位面积叶片的供水能力不断增强。在一定的土壤含水量的范围内，干旱胁迫增强了胡杨根、冠层、叶片等部位的比导率。

可见，当土壤水分易于获得时，加强水分输送可能是有效的。而当土壤含水量远低于植物水力特性的调整需求时，由于极度水分亏缺限制了根吸收土壤水分的能力，同时植物内部过低的水势引起了广泛的木质部栓塞，无法使水分有效地从根系输送到叶片，使各部位在植物水分传输通道上对叶片的水分传输能力无法得到有效增强。先前的研究表明，由水分输送效率控制的一个主要过程是组织死亡，其阈值对应于该部位木质部比导率降低80%(Tyree et al.，2003；Kursar et al.，2009)。在本研究中，当干旱持续时间达到28 d时，土壤含水量为4.5%左右，冠层比导率下降幅度超过80%，此时根系比导率下降幅度较小，仅下降了36%左右，根系仍然存活。在本研究中，冠层死亡在严重干旱中发生相对较快，土壤含水量在4.5%左右可导致胡杨冠层的死亡。水分需要从土壤输送到根系，再到植物地上部分组织，由于水分传输效率的降低，导致地上部分被水力隔离，从而保证根系的存活。已有研究表明，在重度干旱胁迫下，胡杨在死亡前期，会通过加速枝条、叶片等部分组织的死亡来延长整株植物的生命周期(安玉艳 等，2011)。也有研究证明，根系导水率可以不受冠层的影响而发生变化,这是因为根的脆弱性较低,吸水能力较强(Alsina et al.,2011)。这也许可以解释为什么即使在植物冠层遭受灾难性损害之后,根也能使植物从干旱期中恢复过来(Anderegg et al.,2013)。

二、胡杨轴向水分输送的调整

在深入探讨高水分胁迫环境对"土壤-植物-大气"连续体水分平衡的影响时,我们首先要理解水分在植物体内的运输机制。这种运输过程并非单一,而是由径向和轴向两个方向的水分流动共同构成的。径向流动主要发生在植物体内从土壤到茎的过渡区域,而轴向流动则主要沿茎干向上,将水分输送到叶片。这两个过程共同决定了植物木质部水分输送的能力。径向和轴向的水分运输过程综合影响植物木质部水分输送的能力,使水分通过木质部导管输送到叶片上。

在植物体内,水分的轴向输送尤为关键,其效率受到导管水力直径的显著影响。导管,作为植物体内负责输送水分的特殊管道,其直径大小不仅直接影响了水流的流量和速度的大小,也受到了外部环境条件的调控。我们通过对不同部位导管的研究发现,根部的木质部导管水力直径最大,其次是茎部,而叶部的木质部导管水力直径最小。导管水力直径的变化会从根本上影响导管的水分输送效率。木质部导管的直径决定了植物体内的水流速度,它对整个水分输送过程具有重要的功能意义。一些研究指出,导管直径的微小增加可能导致水分输送效率的明显提高(Cruiziat et al.,2002; Mcelrone et al.,2004)。木质部导管系统的调整旨在最大限度地提高水分输送效率,从而有效地将水分沿导管轴向输送到叶片上。

关于导管直径与水分运输的关系,学术界存在一些争议。一些学者认为,虽然直径较大的导管能够更快速地输送大量水分,但这也意味着其运输过程中的安全性较低。这是因为大直径的导管更容易受到外界压力的影响,导致水分运输的不稳定,甚至可能引发木质部栓塞。相比之下,叶部的导管直径较窄,虽然输送速度较慢,但其抗空化能力和抗栓塞能力较强,从而保证了水分运输的稳定性和安全性。

植物轴向水分输送效率受导管水力直径的影响较大,导管水力直径的变化受外界环境的影响。高水分胁迫环境会破坏"土壤-植物-大气"连续体的水分平衡。进一步的研究显示,随着干旱胁迫程度的加剧,根和茎木质部导管的水力直径均呈现增大的趋势。这意味着在干旱条件下,植物为了获取更多的水分,会尝试通过增大导管直径来提高水分输送效率。然而,这种调整也带来了风险,即导管更容易受到木质部栓塞的影响,从而导致水分运输的中断。这一结论与先前对胡杨等耐旱植物的研究结果相吻合,进一步证实了导管水力直径变化与水分胁迫之间的紧密联系。

总的来说,导管水力直径的变化不仅影响了植物体内的水分输送效率,也反映了植物对干旱等不利环境的适应策略。通过调整导管直径,植物试图在保持水分运输稳定性的同时,最大限度地提高水分利用效率。然而,这种调整也带来了潜在的风险,需要我们在未来的研究中进一步探讨和解决。

三、胡杨径向水分传输的调整

在植物体内,水分的运输过程既复杂又精妙。它不仅仅在木质部导管中沿着植物的主轴方向传输至叶片,满足光合作用的需求,同时也能够通过导管壁上的微小结构——纹孔,实现径向的传递和流通(Hacke et al.,2015)。这些纹孔就像是导管之间的"门户",允许水分在不同导管之间流动,确保水分在整个植物体内的均匀分布。然而,当植物面临干旱胁迫时,这种水分的传输机制会受到显著影响。研究发现,随着干旱胁迫程度的增加,根部的导管壁上纹孔直径会明显增大,这意味着在干旱条件下,根部为了更高效地吸收土壤中的水分,通过增大纹孔直径来减少水分径向传输的阻力。相比之下,茎部的导管壁上纹孔直径在干旱胁迫下的变化则不那么明显,水分通过导管径向传递的阻力基本保持不变,这可能是因为茎部的水分储存和传输系统相对更加稳定,对干旱胁迫的适应性较强。

以胡杨为例,这种植物在干旱胁迫下,其茎部的木质部导管壁纹孔大小变化并不明显,这意味着胡杨在干旱环境中能够维持较为稳定的水分传输系统。而胡杨的根部,由于木质部导管壁纹孔直径本身较小,因此在干旱胁迫时受到的影响更大,变化更为显著。这种变化可能是由于根系在土壤吸水过程中,水分子吸入根系很大程度上依靠径向传输,因此根部的导管壁纹孔直径对干旱胁迫的响应更为敏感。

此外,我们还需要关注到木质部导管壁上的另一个重要成分——果胶。果胶是一种具有水凝胶性质的多糖,它能够随着环境的变化而膨胀或收缩,从而改变纹孔直径的大小。果胶的这种特性是产生离子效应的主要原因之一(Zwieniecki et al.,2001)。由于无机离子具有易获得性和低成本的特点(Ottow et al.,2005),利用离子积累来影响水分输送效率的策略在能量消耗上是有利的。在干旱胁迫下,木质部的水分输送效率对离子浓度特别敏感,随着离子浓度的增加,果胶的膨胀程度增大,纹孔直径也随之增大,从而提高了水分的输送效率(Nardini et al.,2011)。特别地,特定无机离子如 K^+、Ca^{2+}、Mg^{2+} 在调节水分输送效率中扮演了重要角色。这些离子在干旱处理组中的浓度均高于对照组,这可能是因为植物在干旱胁迫下通过积累这些离子来影响果胶的性质,进而改变纹孔的大小,以适应干旱环境。除了果胶外,细胞壁中的其他成分如纤维素微纤维和木质素也在离子介导的水分传输控制中发挥着重要作用(Herbette et al.,2015;Santiago et al.,2013)。

然而,尽管离子浓度的增加能够在一定程度上提高水分输送效率,但长时间的干旱胁迫也会对植物细胞造成损伤。例如,MDA 含量的增加就表明干旱胁迫对细胞膜的损伤在不断增加。由于细胞膜弹性的降低,果胶的收缩性也会受到影响,变得松弛和膨胀,这反而会使纹孔直径减小,从而降低水分输送效率。因此,植物在应对干旱胁迫时,需要在提高水分输送效率和保护细胞膜完整性之间找到平衡。

四、胡杨水分传输效率与木质部安全的权衡

植物体内的水分输送能力是由木质部导管的水分输送效率决定的,而木质部安全性则受到木质部空化的威胁。木质部空化是干旱胁迫的结果(Ladjal et al.,2005)。干旱加剧会导致水分在木质部导管中传输的蒸腾拉力超过木质部内部水柱的张力强度,水柱会断裂并迅速形成一个扩大的空腔,周围液体中溶解的气体经纹孔进入空腔并阻断水分运输,这一现象在处于干旱环境的植物中较为常见(Meinzer et al.,2001;Domec et al.,2006;Yang et al.,2016)。一些学者认为,虽然直径较大的导管运输水分更为有效,但相对会缺乏水分运输的安全性,即木质部安全性较差,容易受到空化的威胁,发生栓塞。因此,植物在保持木质部高水分输送效率的同时,也面临着木质部空化风险的挑战(Pittermann et al.,2006;Hacke et al.,2006)。

在植物径向水分传输过程中,因干旱产生的气蚀现象也能通过木质部导管壁纹孔引起木质部空化(Hacke et al.,2001)。在水分径向传输中,导管壁上纹孔的增大,一方面促进了水的传递,增加了水分在相邻导管之间的流动性,提高了水分传输效率;另一方面导管壁上纹孔的增大容易引发气蚀现象,使木质部易受空化的影响(Hacke et al.,2015)。纹孔结构在一定程度上决定了导管发生栓塞的脆弱性,导管壁纹孔直径越大,纹孔膜的透气性越好,木质部就越

容易发生空化而引起栓塞。在我们的试验中,根的纹孔直径在增加一段时间后下降,说明胡杨具有通过生理变化来权衡纹孔直径的大小等特性。

  除径向水分传输外,植物进行轴向水分传输主要依靠导管,导管中的负压对木质部功能有重要影响。由于在导管壁上施加有一定的作用力,如果导管壁机械强度不足,木质部导管不能承受来自负压的作用力,它们就会向内变形或坍塌,导致导管有效水力半径减小,会显著降低木质部的水分输送效率。有研究表明,木质部水分输送效率、导管易塌陷性和导管壁加厚成本之间存在权衡关系(Cochard et al.,2004)。植物干旱脱水会导致其导管栓塞,管壁松弛,严重脱水时,可在针叶树叶木质部结构研究中观察到导管的形变(Cochard et al.,2004;Zhang et al.,2014a;Brodribb et al.,2005)。在轴向输水过程中,木质部张力在导管壁引起的应力随着导管水力直径的增大而增大,从而导致了导管水分传输效率与导管壁的支撑能力和抗塌陷性之间存在权衡关系。木质部导管壁机械强度被认为是预测导管壁塌陷的指标(Blackman et al.,2010)。在本研究中,随着干旱持续时间的延长,胡杨茎和叶木质部导管壁机械强度先达到最低临界点值,根木质部导管壁机械强度的耐性较枝、叶强,能够在干旱胁迫的条件下较长时间维持导管支撑力和稳定性。胡杨根、茎、叶的木质部导管壁机械强度变化趋势和对应部位比导率值的变化趋势相反,在根、茎、叶的木质部导管壁机械强度达到最小值时,根、茎、叶比导率均达到最大值,仍保持较高的水分输送效率。在根、茎、叶木质部导管壁机械强度达到最低临界点后,其木质部导管壁机械强度均增加。这可能是由于木质部导管无法承受负压施加的机械力,导致变形或坍塌,从而使导管水力直径减小,导管壁机械强度增大(Brodribb et al.,2005;Zhang et al.,2014a)。

  可见,木质部导管壁机械强度达到最低临界点决定了木质部的安全极限。在树木导管壁机械强度达到木质部安全极限的范围内，随着干旱胁迫的增加，胡杨优先考虑的是水分传输效率的增强，此时木质部安全性降低。一旦木质部导管壁机械强度达到了木质部安全极限的临界点，胡杨优先考虑的是木质部安全性的增强，此时水分传输效率降低。这样一来，胡杨通过调整木质部导管结构，降低水分传输效率，确保木质部导管的安全，进而避免了灾难性的木质部故障。木质部安全性的进一步降低会导致植物木质部灾难性的水力破坏，常常会引起枝条枯萎，甚至是树苗的死亡(Davis et al.，2002)。水分传输效率和木质部安全性的先后考虑以及调整，反映了胡杨对于木质部水分传输效率和木质部安全性之间的权衡。本研究表明，从木质部解剖结构的角度出发，利用导管壁的机械强度作为木质部导管结构的安全指标，可以确定植物木质部安全与水分传输效率之间的平衡点。

第六节 总 结

为研究干旱条件下胡杨植株水力特性的变化机理和干旱响应机制，我们进行了控制试验，研究了不同水分胁迫下胡杨的水力特性，得出的主要结论如下：

(1)随着干旱胁迫持续时间的增加，胡杨根和茎的木质部导管水力直径均呈现先增加后减少的趋势，叶片木质部的导管水力直径没有显著差异($p>0.05$)。胡杨叶木质部导管壁厚度显著增加，导管壁的机械支撑能力和抗压能力显著增强，根和茎木质部导管壁厚度没有显著差异($p>0.05$)。根木质部导管壁纹孔直径对干旱胁迫较为敏感，受阳离子浓度增加引起的离子效应和MDA含量增加引起膜弹性变化的影响，胡杨根木质部导管壁纹孔平均直径呈现先增加后减少的趋势，茎木质部导管壁纹孔直径无显著差异($p>0.05$)。导管解剖结构的变化解释了胡杨根、茎、叶比导率值均呈现先增加后减少变化趋势的原因。

(2)木质部导管壁机械强度能够反映木质部安全性。随着干旱持续时间的延长,胡杨根、茎、叶的木质部导管壁机械强度均呈现先减小后增加的趋势。茎、叶的木质部导管壁机械强度比根木质部导管壁机械强度先降到最低临界点,根木质部导管壁机械强度的耐性较枝、叶强,能够在干旱胁迫的条件下较长时间维持导管支撑力和稳定性。胡杨根、茎、叶的木质部导管壁机械强度变化趋势和对应部位比导率值的变化趋势相反,在根、茎、叶的木质部导管壁机械强度达到最小值时,根、茎、叶比导率均达到最大值,此时胡杨保持较高的水分输送效率。水分传输效率和木质部安全性的先后考虑以及调整,反映了胡杨对于木质部水分传输效率和木质部安全性之间的权衡。

(3)胡杨输水效率与木质部安全性具有权衡关系且存在临界点。当土壤含水量高于临界点的水分条件时,随着土壤含水量的降低,干旱胁迫程度的加剧,胡杨各部位比导率不断增加,即对单位面积叶片的供水能力不断增强。当干旱胁迫程度超过临界点的水分条件时,胡杨各部位比导率不断降低,即对单位面积叶片的供水能力不断减弱,直至丧失对叶片的供水功能。在严重干旱情况下,和根系相比,冠层死亡程度发生相对较快,且胡杨根系、冠层和叶片的输水效率与木质部安全性权衡临界点的水分条件不同。

基于以上主要结论,我们发现:在干旱初期,胡杨为了增加水分传输效率而扩大导管直径,但随着干旱程度的进一步加剧,导管直径减小以维持结构的稳定性和安全性。相比之下,叶片的导管直径对于干旱胁迫的响应不敏感。胡杨叶木质部导管壁厚度在干旱胁迫下显著增加,这增强了导管壁的机械支撑能力和抗压能力,有助于在干旱条件下维持导管的完整性和功能。根木质部导管壁纹孔直径对干旱胁迫的响应较为敏感。在干旱初期,胡杨为增加水分传输效率而牺牲部分机械强度,但随后为了维持结构的稳定性而增强机械强度。在干旱条件下,胡杨需要在水分传输效率和木质部安全性之间进行权衡。在严重干旱情况下,胡杨的冠层死亡程度相对于根系来说发生得更快。这可能与冠层在干旱条件下更容易失去水分和光合作用能力有关。此外,胡杨的根系、冠层和叶片在输水效率与木质部安全性权衡的临界点上可能存在差异,这反映了胡杨在干旱胁迫下对不同部位水分传输效率和结构稳定性的不同需求。该研究对于理解胡杨如何适应干旱环境、维持生命活动具有极其重要的意义。

第五章　干旱胁迫下胡杨水分输送过程的综合适应策略

干旱会导致土壤水势下降，引起植物细胞的水势下降，细胞失水可能会导致细胞死亡。前人在干旱胁迫下对胡杨生理和生态反应（气体变化、光合作用和水分利用效率）的研究表明，胡杨具有较强的抗旱特性。本书前文的研究表明，干旱引起的胡杨水力特性变化与胡杨木质部导管结构的变化有关。植物面对干旱条件加剧时，需要对干旱胁迫做出一系列调节反应，减少因水分亏缺造成的各种损伤，尽其最大能力做出最有利于生存的选择，从而形成生态适应。目前对于引起植物死亡机制的研究认为，在自然条件下的植物死亡是由于水通量不足所引起的。整个水力通道的生理学和形态学将决定植物的水分输送过程。水分有效性或供水量发生变化后，植物整个输水过程会慢慢进行调整和改变，以实现其与不断变化环境的兼容性，进而实现对输水系统的适应。水的获取以及水分在木质部内的传输过程，与植物的保水能力和水分利用效率密切相关，这几个过程构成了水分在植物体内的整个输送过程。因此，胡杨木质部内水分传输、水分利用和水分保持的适应和协调，是干旱胁迫适应性研究的重要内容。为研究干旱条件下胡杨整个水分输送过程如何进行调整，本研究进行了控制试验，试图回答以下问题：在不同的水分胁迫下，胡杨整个水分输送过程如何进行综合性调整？胡杨木质部水分传输、水分利用和水分保持过程分别如何变化？三者变化是否同步？其能否相互协调和配合来维持整个水分输送过程的平衡？

第一节　干旱胁迫对胡杨木质部水分输送的影响

本书在胡杨对干旱胁迫的响应机制的研究中,分析了胡杨根、冠、叶比导率的变化特点,主要从胡杨各部位对单位面积叶片的供水能力进行比较和分析。由于各部位比导率的变化是该部位绝对导水率和总叶面积变化共同作用的结果,是一个相对值,同时干旱处理中叶片生物量和总叶面积也在发生变化,因此本书研究了胡杨各部位实际的水分输送能力的变化情况,即绝对导水率的变化。根系导水率能够表示植物根系吸收及传输水分的能力,是根系感受土壤水分变化的最直接生理指标之一。冠层导水率表示植物冠层传输水分的能力,叶片导水率表示叶片传输水分的能力。

随着干旱持续时间的延长,干旱胁迫程度不断加剧,土壤含水量持续下降,胡杨根、冠、叶的绝对导水率呈现先增加后减少的趋势。从对照组到干旱一直持续到 21 d 过程中,根系导水率逐渐增加,在干旱持续 21 d 时达到最大值,为 1.51×10^{-4} kg·s^{-1}·MPa^{-1},和对照组相比增加了 78.1%。从干旱 21 d 到干旱 28 d,该值急剧下降,根系导水率在干旱 28 d 的值比对照组减少了 73.3%。胡杨根绝对导水率不断增加时,根系吸收及传输水分的能力不断增强。从对照组到干旱一直持续到 14 d 过程中,冠层绝对导水率逐渐增加,在干旱持续 14 d 时达到最大值,和对照组相比增加了 34.5%。从干旱 14 d 到干旱 28 d,该值急剧下降,冠层导水率在干旱 28 d 的值为 4.34×10^{-6} kg·s^{-1}·MPa^{-1},比对照组减少了 85.2%。当胡杨冠层绝对导水率不断增加时,冠层传输水分的能力不断增强。从对照组到干旱一直持续到 14 d 过程中,叶片导水率不断增加,在干旱持续 14 d 时达到最大值,和对照组相比增加了 71.0%。从干旱 14 d 到干旱 28 d,该值急剧下降,当干旱持续 28 d 时,叶片绝对导水率值为 3.07×10^{-5} kg·s^{-1}·MPa^{-1},约为对照组的 50.0%。当胡杨叶片绝对导水率不断增加时,叶片传输水分的能力不断增强。和根、冠相比,胡杨叶导水率下降幅度较小,叶片维持水分输送效率的稳定性强于根、冠(见图 5.1)。

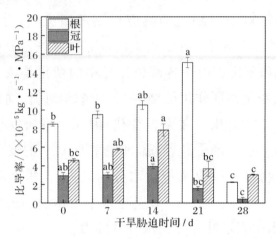

图 5.1 胡杨在不同干旱胁迫下各部位导水率的变化

随着干旱持续时间的延长,干旱胁迫程度不断加剧,从对照组到干旱持续 28 d,根系相对于全株的水分传输阻力不断降低,从 30% 逐渐下降到 4%。可见,为了应对干旱胁迫程度的增加,根系在整个植株的水分输送过程中作为传输主力,其传输作用进一步加强。把冠分成茎、叶两部分,从对照组到干旱一直持续到 28 d 过程中,叶相对于冠层的水分传输阻力不断降低,从 48% 左右下降到 13% 左右。可见,为了应对干旱胁迫程度的增加,叶片在冠层的水分输送过程中作为传输阻碍,其阻碍作用减弱,传输作用加强。相比之下,茎相对于整个植株的水力阻力从对照组到干旱一直持续到 28 d 过程中,从 20% 左右上升到 76%(见图 5.2)。可见,在整个干旱胁迫过程中,随着土壤含水量的不断降低,干旱胁迫程度的持续加剧,胡杨在整个木质部水分输送过程中,强化根系在整个植株的水分输送中的主导作用,削弱叶片在整个植株的水分输送中的阻碍作用,从而维持甚至增强自身的水分输送能力,以应对干旱胁迫。

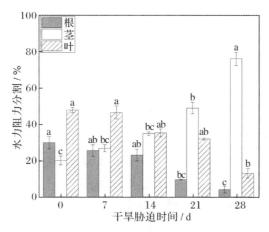

图 5.2　胡杨在不同干旱胁迫下水力阻力分割的变化

第二节　干旱胁迫对胡杨水分利用的影响

一、干旱胁迫下胡杨水分利用效率的变化

植物水分利用效率是指植物在生理活动过程中消耗单位水分后所生产的同化物质的量,即消耗水形成有机物质的基本效率。它能够反映植物耗水与其干物质生产之间的关系,是综合生理生态指标,能够用来评价植物生长适宜程度,也是用来确定植物体生理活动所需水分供应量的重要指标(张岁岐 等,2002)。光合速率大小能够反映叶片合成有机物质能力的强弱,是影响叶片水分利用效率的直接因子(蒋高明,2004)。在干旱胁迫持续 21 d 时,胡杨叶片全部变黄,光合速率值极低,光合能力基本丧失,故本书对水分利用效率的研究选择干旱胁迫持续到 14 d。同时,在不同干旱胁迫时间的条件下,提供恒定光强 1200 $\mu mol \cdot m^{-2} \cdot s^{-1}$ 和恒定的 CO_2 浓度用来统一环境条件,以进行分析比较。

在设定 CO_2 浓度为 400 $\mu mol \cdot mol^{-1}$ 时,随着干旱胁迫的加剧,从对照组到干旱胁迫 14 d,叶片光合速率和蒸腾速率都呈阶梯式下降,且各阶段下降差异显著($p<0.05$)。光合速率由对照组值 15.92 μmol $CO_2 \cdot m^{-2} \cdot s^{-1}$ 下降到 6.69 μmol $CO_2 \cdot m^{-2} \cdot s^{-1}$。蒸腾速率由对照组值 17.45 mmol $H_2O \cdot m^{-2} \cdot s^{-1}$ 下降到 2.07 mmol $H_2O \cdot m^{-2} \cdot s^{-1}$。气孔导度从对照组值到干旱胁迫 7 d 再到干旱胁迫 14 d 显著下降,分别从 0.42 mol $H_2O \cdot m^{-2} \cdot s^{-1}$ 下降到 0.28 mol $H_2O \cdot m^{-2} \cdot s^{-1}$ 和 0.07 mol $H_2O \cdot m^{-2} \cdot s^{-1}$。从对照组到干旱胁迫 7 d,植物的水分利用效率轻微增加,但无显著差异($p>0.05$);到干旱胁迫 14 d 时,水分利用效率显著增加($p<0.05$)。胡杨的水分利用效率从 0.92 μmol $CO_2 \cdot$ mmol H_2O^{-1} 到干旱胁迫 7 d 和干旱胁迫 14 d 时,分别增加了 33% 和 217%,达到 1.22 μmol $CO_2 \cdot$ mmol H_2O^{-1} 和 2.91 μmol $CO_2 \cdot$ mmol H_2O^{-1}(见图 5.3)。

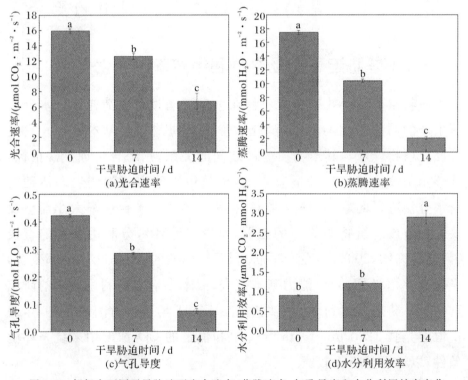

图 5.3 胡杨在不同干旱胁迫下光合速率、蒸腾速率、气孔导度和水分利用效率变化

干旱胁迫对植物光合作用的抑制非常突出,主要包括气孔限制和非气孔限制(Flexas et al.,2007;Pinheiro et al.,2011)。气孔限制是指干旱胁迫首先影响植物气孔导度,影响植物对 CO_2 的吸收能力,进而影响植物光合作用;非气孔限制是指干旱胁迫引起光合器官的损伤,从而导致植物光合能力下降。在设定 CO_2 浓度依次为 400 $\mu mol \cdot mol^{-1}$、500 $\mu mol \cdot mol^{-1}$、600 $\mu mol \cdot mol^{-1}$、700 $\mu mol \cdot mol^{-1}$ 和 800 $\mu mol \cdot mol^{-1}$ 时,对于对照组和干旱胁迫 7 d 时,随着 CO_2 浓度的增加,光合速率显著增大,在 CO_2 浓度为 800 $\mu mol \cdot mol^{-1}$ 时,光合速率值和初始值相比,分别增加了 52.5% 和 60.0%(见图 5.4)。可见,在干旱胁迫 7 d 时,随着 CO_2 浓度的增加,光合作用显著增强。这说明在干旱胁迫 7 d 时,由于气孔限制影响植物对 CO_2 的吸收能力,引起了光合作用减弱。在干旱胁迫 14 d 时,随着 CO_2 浓度的增加,不同 CO_2 浓度下光合速率无显著差异,可见,在干旱胁迫 14 d 时,随着 CO_2 浓度的增加,光合作用基本不变。这说明干旱胁迫 14 d 引起了植物光合器官的损伤,从而导致叶片光合能力下降,光合作用的减弱是由于非气孔限制而并不是气孔限制导致的。

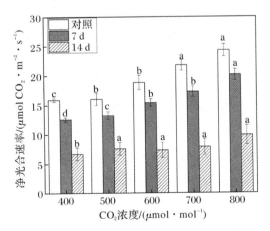

图 5.4 胡杨在不同干旱胁迫下叶片净光合速率随 CO_2 浓度的变化

在设定 CO_2 浓度依次为 400 $\mu mol \cdot mol^{-1}$、500 $\mu mol \cdot mol^{-1}$、600 $\mu mol \cdot mol^{-1}$、700 $\mu mol \cdot mol^{-1}$ 和 800 $\mu mol \cdot mol^{-1}$ 时,对于对照组和干旱处理组,随着 CO_2 浓度的增加,植物的水分利用效率显著增加(见图 5.5)。可见,在干旱胁迫下,CO_2 浓度的增加对提高植物的水分利用效率是有效的,CO_2 浓度的增加可以改善干旱对植物产生的不利影响。

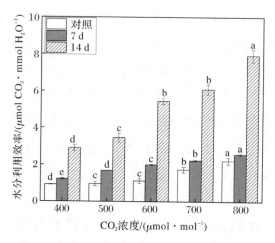

图 5.5 胡杨在不同干旱胁迫下水分利用效率随 CO_2 浓度的变化

二、干旱胁迫下胡杨叶片解剖结构的变化

通过观测石蜡切片可知,主脉分化出了木质部和韧皮部,胡杨叶片上、下表皮内均有栅栏组织细胞且与表皮细胞垂直分布,叶片具有两层栅栏组织,两层栅栏组织之间有少量海绵组织细胞。叶片内栅栏组织是光合作用及水分利用的重要场所。旱生植物的叶片栅栏组织一般较厚。栅栏组织细胞内含大量叶绿体,栅栏组织越厚,则植物光能利用效率就越高。本研究讨论胡杨在不同干旱胁迫下叶片厚度和栅栏组织厚度的变化。

随着干旱持续时间的延长,干旱胁迫程度不断加剧,土壤含水量持续下降,胡杨叶片厚度和栅栏组织厚度呈现先增加后减少的趋势。

在对照组,叶片厚度为 388.62 μm,从对照组到干旱 14 d,胡杨叶片厚度呈现增加趋势,且增加幅度越来越大,叶片厚度在干旱胁迫 7 d 时大约增加了 11%;在干旱胁迫 14 d 时,大约增加了 38%。从干旱胁迫 14 d 到干旱胁迫 28 d,胡杨叶片厚度逐渐减小。同时,干旱处理组的叶片厚度均高于对照组。在对照组,叶片栅栏组织厚度为 207.53 μm,从对照组到干旱胁迫 14 d,胡杨叶片栅栏组织厚度呈现增加趋势,且增加幅度越来越大,叶片栅栏组织厚度在干旱胁迫 7 d 时大约增加了 15%;在干旱胁迫 14 d 时,大约增加了 53%。从干旱胁迫 14 d 到干旱胁迫 28 d,胡杨叶片栅栏组织厚度逐渐减小。同时,干旱处理组的栅栏组织厚度均高于对照组(见图 5.6)。

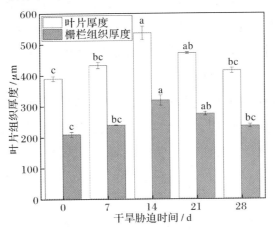

图 5.6　胡杨在不同干旱胁迫下叶片组织厚度的变化

胡杨叶片厚度和栅栏组织厚度不断增加,这是因为栅栏组织由松散状态变得越来越紧密,同时体积也不断增大,通过增加叶片厚度和栅栏组织厚度,有效阻止光的传播,减少植物叶片蒸腾,进而减少蒸腾失水,提高植物的水分利用效率。同时,叶片保水能力不断增强。当土壤含水量过低时,叶片内栅栏组织等叶肉组织因失水呈现松散的状态,甚至组织细胞间出现重叠,从而使叶片厚度和栅栏组织厚度不断减小,无法有效阻止光的传播,不能有效减少植物叶片蒸腾导致的蒸腾失水。同时,叶片的保水能力也在不断减弱。

第三节　干旱胁迫对胡杨水分保持的影响

一、干旱胁迫下胡杨离子分配运输平衡的变化

在胡杨水力特性对干旱胁迫的响应机制的研究中,已经分析了植物体内离子的积累对木质部导管壁纹孔会产生离子效应。此外,无机离子也是植物重要的渗透调节物质,无机离子的积累可以用来参与渗透调节,降低渗透势,从而提高植物渗透调节能力。在干旱胁迫下,无机离子可主动积累,使细胞容易从外界低水势的介质中进行吸水。其中,K^+是维持植物细胞渗透压最主要的无机离子,K^+的积累不仅有利于植物保持酶活性,还能促进脯氨酸等物质的积累。Ca^{2+}是参与植物细胞内生理反应的重要物质,它通过稳定细胞膜结构,提高植物抗逆性。Mg^{2+}也是植物体内主要的无机离子,它能够参与植物体内多种生理代谢活动,是细胞内重要的酶活化剂,对植物的生理活动起到促进作用。各干旱处理下,阳离子K^+、Ca^{2+}、Mg^{2+}含量均高于对照组,可见在干旱胁迫的条件下,植物积累无机离子来降低渗透势,通过无机离子参与渗透调节,从而提高植物细胞的渗透调节能力。

植物体内维持K^+/Na^+、Ca^{2+}/Na^+和Mg^{2+}/Na^+比值是保证机体正常活动所必需的。胡杨通过离子分配运输平衡,首先保证叶等幼嫩组织维持较高的K^+/Na^+比值,从而降低干旱胁迫的伤害。Ca^{2+}/Na^+比值的降低会损害细胞质膜的完整性以及使质膜的功能受到一定程度的破坏,致使细胞内的离子和有机溶质大量外渗,抑制液泡膜活性和细胞质中物质的跨液泡膜运输,导致液泡碱化,不利于物质在液泡内的积累(Campbell et al.,2000)。随着干旱持续时间的延长,干旱胁迫程度不断加剧,土壤含水量持续下降,K^+/Na^+、Ca^{2+}/Na^+和Mg^{2+}/Na^+比值整体呈现先增加后减少的趋势。在干旱胁迫21 d时,K^+/Na^+、Ca^{2+}/Na^+和Mg^{2+}/Na^+比值达到最大值,和对照组相

比,分别增加了 66.3%、66.7%和 88.3%。从干旱胁迫 21 d 到干旱胁迫 28 d,K^+/Na^+、Ca^{2+}/Na^+、Mg^{2+}/Na^+ 比值下降。在干旱胁迫 28 d 时,K^+/Na^+、Ca^{2+}/Na^+ 和 Mg^{2+}/Na^+ 比值和对照组无显著差异($p>0.05$)(见图 5.7)。可见,在干旱胁迫过程中,植物体内能够保证离子分配运输平衡,维持植物渗透调节能力。

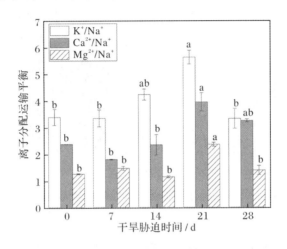

图 5.7　胡杨在不同干旱胁迫下离子分配运输平衡的变化

二、干旱胁迫下胡杨脯氨酸含量的变化

脯氨酸作为植物体蛋白质的重要组分,是植物在干旱胁迫下维持渗透势的重要物质。脯氨酸是一种理想的渗透调节物质。在干旱胁迫下,植物体内会快速进行脯氨酸积累,其疏水端能够与蛋白质相结合,亲水端能够与水分子相结合,从而防止干旱胁迫下植物细胞脱水,对生物大分子具有显著的保护作用,进而通过渗透调节维持植物保水能力。

随着干旱胁迫持续时间的增加,叶片内脯氨酸含量持续增加。在对照处理组中,叶片内脯氨酸含量为 54.99 $\mu g \cdot g^{-1}$。从对照组到干旱胁迫 7 d 时,脯氨酸含量基本不变。从干旱胁迫 7 d 到干旱胁迫 28 d 时,脯氨酸含量一直增加,到干旱胁迫 28 d 时,脯氨酸含量相比对照组增加了 9.2 倍(见图 5.8)。可见,干旱胁迫对叶片内脯氨酸含量有显著的影响,随着干旱胁迫程度的加剧,叶片内脯氨酸含量不断增加,促使细胞的渗透调节能力不断增强。

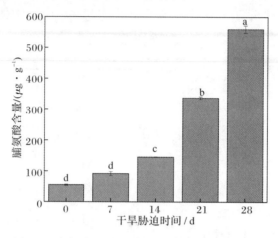

图 5.8 胡杨在不同干旱胁迫下脯氨酸含量的变化

三、干旱胁迫下胡杨可溶性糖含量的变化

可溶性糖由于具备高度水溶和低毒等特性而成为植物遭受干旱胁迫时的一种重要渗透调节物质,它不但可以起到渗透调节作用,而且还有助于干旱胁迫过后植物生长的恢复。随着干旱胁迫持续时间的增加,叶片可溶性糖含量持续增加。在对照处理组中,叶片可溶性糖含量为 19.7 mg·g^{-1}。从对照组到干旱胁迫 14 d 时,可溶性糖含量基本不变。从干旱胁迫 14 d 到干旱胁迫 28 d 时,可溶性糖含量不断增加,到干旱胁迫 28 d 时,可溶性糖含量为 49.3 mg·g^{-1},相比对照组增加了 1.5 倍(见图 5.9)。叶片中可溶性糖含量受干旱胁迫影响显著,可溶性糖的含量在干旱胁迫延长时不断积累,这样能够稳定细胞内蛋白质和细胞膜,使细胞维持膨压,通过可溶性糖积累参与渗透调节,促使细胞的渗透调节能力不断增强。

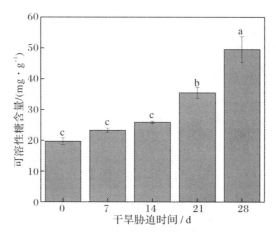

图 5.9 胡杨在不同干旱胁迫下可溶性糖含量的变化

四、干旱胁迫下胡杨保护酶活性的变化

植物在干旱胁迫的条件下,膜系统的受损程度与生物氧自由基有关。植物体内的主要抗氧化酶有超氧化物歧化酶(SOD)、过氧化氢酶(CAT)和过氧化物酶(POD),它们可以清除氧自由基,保护细胞膜结构,因此是植物体内重要的保护酶。超氧化物歧化酶(SOD)作为植物抗氧化系统的第一道防线,是防御超氧阴离子自由基对细胞伤害的抗氧化酶,其主要功能是清除细胞中多余的超氧阴离子,将 O_2^- 歧化成 H_2O_2,维持活性氧代谢平衡,防止对细胞膜系统造成伤害。过氧化物酶(POD)是植物体内重要的保护酶之一。过氧化氢酶(CAT)协同清除体内由 SOD 作用产生的 H_2O_2 自由基,生成无害的 H_2O,减小逆境伤害。SOD、POD、CAT 在植物抗逆性中可能发挥重要作用。在干旱胁迫下,植物体内会产生保护酶,从而消除环境不利影响,增加对环境的适应性。

随着干旱持续时间的延长,干旱胁迫程度不断加剧,土壤含水量持续下降,SOD、POD、CAT 含量均呈现先增加后减少的趋势。在对照组,SOD 的含量为 156.49 U·g^{-1},从对照组到干旱 7 d,SOD 的含量增加到 207.48 U·g^{-1},和对照组相比,大约增加了 32.6%。从干旱 7 d 到干旱 28 d,SOD 的含量显著降低。在干旱持续 28 d 时,SOD 的含量为 62.13 U·g^{-1},和对照组相比,降低了 60.3%。在对照组,POD 的含量为 358.93 U·g^{-1},从对照组到干旱 21 d,POD 的含量增加到 957.09 U·g^{-1},和对照组相比,大约增加了 1.7 倍。从干旱 21 d 到干旱 28 d,POD 的含量迅速降低到 244.49 U·g^{-1},和对照组相比,降低了 31.9%。在对照组,CAT 的含量为 76.89 nmol·min^{-1}·g^{-1},从对照组到干旱 21 d,CAT 的含量增加到 513.56 nmol·min^{-1}·g^{-1},和对照组相比,大约增加了 5.7 倍。从干旱 21 d 到干旱 28 d,CAT 的含量迅速降低到 40.34 U·g^{-1},和对照组相比,降低了 47.5%(见图 5.10)。

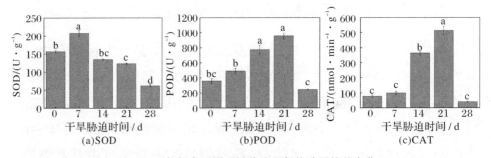

图 5.10 胡杨在不同干旱胁迫下保护酶活性的变化

可见,从对照组到干旱 7 d,SOD 的活性增强,防御超氧阴离子自由基对细胞伤害的能力增强,从而减少干旱胁迫伤害的程度,增加植物对环境的适应性。干旱超过 7 d 后,SOD 的活性被抑制,防御超氧阴离子自由基对细胞伤害的能力持续减弱。从对照组到干旱 7 d,POD 和 CAT 的含量变化不显著,从干旱 7 d 到干旱 21 d,POD 和 CAT 的含量显著增加,这可能是由于干旱 7 d 时,SOD 清除了细胞中大量多余的超氧阴离子,产生了较多的 H_2O_2 自由基,POD 和 CAT 活性增强用于对 H_2O_2 自由基的清除作用,从而减少干旱胁迫伤害的程度,增加植物对环境的适应性。干旱超过 28 d 时,POD 和 CAT 的活性降低,无法有效清除 H_2O_2 自由基,从而不能有效保护细胞免受 H_2O_2 自由基的伤害。在干旱 28 d,SOD、POD、CAT 三种保护酶含量均低于对照组,无法有效清除氧自由基,从而不能有效保护细胞免受干旱胁迫的伤害,破坏了植物组织细胞的通透性,这和我们对于 MDA 含量的研究一致,也是研究中发现从对照组到干旱 21 d,MDA 含量增加缓慢,干旱 28 d 时 MDA 含量显著增加的原因。可见,在干旱 28 d 时,植物细胞膜的通透性受到破坏。

第四节 讨 论

一、胡杨水分传输能力的调节

根系被认为是"土壤-植物-大气"连续体中的一个抑制环节,而根水分输送效率在所有水分输送组分中通常是最低的(Vandeleur et al.,2009)。根系是沙漠地区植物水分转运的主要载体,具有很强的吸水性。这说明根系的水力特性对植物的抗旱性起着重要的作用。干旱胁迫增强了胡杨根、冠层、叶等部位的导水率,这为胡杨在干旱胁迫条件下能够保持高效的水分传输作用提供了证据,是使其能够在极端干旱的气候条件下生存的重要原因。根系的水分输送能力与水分胁迫程度一致,这一结果与先前对黄松的研究相似,干旱地区生存的黄松,其水分输送能力得到了改善。研究表明,低水势可以迫使植物提高根系的水分输送能力,以吸收更多的水分,植物倾向于通过调节根系导水率来控制根系对水分的吸收(Parent et al.,2009)。但在干旱胁迫下,部分树木根系的导水率下降(Vandeleur et al.,2009; Vadez,2014),这可能与干旱地区植物水力学特性的物种特异性有关。在干旱适应过程中,胡杨根系对水分运输起着至关重要的作用,其根系对整个植株的水力阻力贡献不到三分之一。以往的研究表明,在不同的环境中,根系对不同植物的抗逆性占全株的 20%~90%

（Parent et al.，2009）。干旱条件下,胡杨根系的水力特性表现出优于冠层的特点,随着干旱胁迫的增加,本身水力阻力较小的根系,其水力阻力占比进一步降低,水分输送能力逐渐增大,这说明根系的水力贡献是根据植物所处的不同生存环境来调节的。叶片是植物水分传输的终端部分,水分在叶片中的传输效率限制了其在植株整体的水分传输。本研究发现,胡杨叶片相对冠层其他部位的水力阻力较大,大约占到整个冠层水力阻力的70%。因此,叶片水力阻力及输水能力的变化对于植物冠层的影响比茎干的影响大（Nardini et al.，2003）,叶片水力阻力的降低及输水能力的提高,能够使水相对容易地从茎输送到叶。在地上部分,植物主要是通过降低叶片的水力阻力占比,增强叶片的水分运输能力,致使整个地上部分的水分输送能力增加。

随着土壤含水量的不断降低,干旱胁迫程度的持续加剧,胡杨在整个水分输送过程中,强化根系在整个植株水分输送中的主导作用,削弱叶片在整个植株水分输送中的阻碍作用,能够使水相对容易地从茎输送到叶片,从而维持甚至增强自身的水分输送能力,以应对干旱胁迫。可见,为了适应干旱环境,胡杨可以调整木质部水分传输的功能,进一步适应具有挑战性的环境条件,干旱胁迫下的水分输送效率的调整策略是胡杨可以在极度干旱地区生存的一大原因。

二、胡杨水分利用能力的调节

植物水分利用效率能够反映植物耗水与其干物质生产之间的关系,是综合的生理生态指标,能够评价植物生长适宜程度,也是植物抗旱性的重要指标之一。通常水分利用效率相对较高的植物,其抗旱性较强;抗旱性弱的植物,其水分利用效率也相对较低（张怡 等,2009）。之前的许多研究指出,干旱可以提高植物的水分利用效率（Ogaya et al.，2003；Horton et al.，2001）。当植物生长在有限的水环境中时,水分利用效率的提高有利于植物的生长和维持。气孔对水分条件的变化非常敏感,植物通过调节气孔的开合度控制进出叶片的气体与水分含量。气孔开合度随水胁迫增加而减少的响应机制在干旱区植物中比较普遍(吴建慧 等,2012)。在轻度胁迫下,气孔导度的小幅度下降可以使植物节水,提高植物的水分利用效率,从而起到保护作用(Chmura et al.,2011)。土壤干旱通过反馈式反应引起植物水势下降,导致气孔关闭,减缓叶片失水状况(司建华 等,2008)。气孔开度的变化虽然降低了光合作用,但由于气孔开度的变化对水分损失的影响大于对光合作用的影响,从而提高了水分利用效率(Flexas et al.,2007;Chen et al.,2011)。一般来说,由于中度干旱引起的初始渗透冲击导致的氮磷等元素减少是由气孔关闭引起的,中度胁迫处理的幼苗,蒸腾速率值明显降低,水分利用效率明显提高,说明幼苗可以通过控制水分流失和提高水分利用效率来缓解干旱胁迫压力。这些结果表明,轻度和中度干旱胁迫下的幼苗可以通过自我调节策略尽可能有效地维持体内水分平衡关系(Gindaba et al.,2005;Silva et al.,2010)。为了适应干旱环境,胡杨通过控制水分流失来增加水分利用效率以应对干旱,这是胡杨等干旱区植物形成的有利于对抗干旱的适应策略。这种行为有利于植物在长期干旱下的生存,因为它使植物更有效地利用现有的水,并保存有限的水供以后使用,这种适应性机制使胡杨能在干旱环境中更好地生存。同时,CO_2浓度增加能够直接影响植物的生理过程,提高的CO_2浓度会增加木本植物的光合速率(Nowak et al.,2004;Ainsworth et al.,2007)。一般认为,CO_2浓度的增加将减少许多物种的水分输送能力,然后通过减少用水或提高用水效率来减轻干旱对许多物种的负面影响。CO_2浓度的增加对植物生长的影响取决于植物水分状况:在水分充足的环境条件下对植物的影响较小,但在非致死干旱条件下影响较大,在严重干旱条件下对植物最有利。在干旱胁迫下,CO_2浓度的增加对提高植物的水分利用效率是有效的，CO_2浓度的增加可以改善干旱对植物产生的不利影响。

河岸林植物生态系统稳定性较弱，且高温干旱的环境对植物的生长发育十分不利，因此植物需要调节自身的形态以应对不利的生境，形态适应是植物在器官乃至整体水平响应逆境的重要机制之一(Potters et al., 2007)。干旱胁迫下，有些植物叶脉和维管束体积会发生改变，在结构上向 C4 途径转变，以此提高其水分利用效率来适应干旱胁迫环境(龚春梅，2007)。耐旱植物叶片的栅栏组织、输导组织、贮水组织和机械组织往往比较发达，这些结构能够帮助植物提高水分利用效率，从而减少胁迫造成的损伤(胡云 等，2006)。在干旱胁迫环境中，植物叶片的密度和厚度也会增加，这样能够有效阻止光的传播，减少植物叶片蒸腾失水(Green et al., 2001)。之前的研究表明，树木通过减少水分损失或最大限度地吸收水分来抵御干旱的特性，在未来容易发生干旱的气候中将是非常重要的(Li et al., 2013)。叶片通过叶片厚度和栅栏组织厚度的增加，可以使自身在生存环境中维持相对稳定性和适应性，从而提高对生存环境的抵抗力和恢复力(钟悦鸣 等，2017)。在干旱胁迫下，胡杨可以增加叶片机械组织厚度，这不但能够增强植物的机械支撑能力，还可以减少叶片水分蒸发(郑彩霞 等，2006；郭改改 等，2013)。面对干旱程度的增加，胡杨叶片解剖结构发生变化，栅栏组织中存在大量黏液细胞，增加栅栏组织厚度，可以减小细胞渗透势，从而有利于植物吸收水分并且使叶片保持水分，进而能够减少水分的散失(Yang et al., 2005；潘莹萍 等，2018)。胡杨叶片厚度和栅栏组织厚度的增加，既有利于叶片储水保水，减少水分散失，对于增强水分利用的调节能力具有重要意义，同时发达的叶片组织更有利于与叶脉维管束之间进行水分等物质交换，增加胡杨的水分传输能力。随着干旱胁迫程度不断加剧，胡杨一方面能够通过气孔的调节减少水分的散失；另一方面通过增加叶片厚度和栅栏组织厚度,有效阻止光的传播,减少植物叶片蒸腾,增强水分利用的调节能力。胡杨通过这些调整以提高植物的水分利用效率,形成对水分的有效利用,同时与木质部水分传输效率的增强相协调。

三、胡杨水分保持能力的调节

研究发现,一些木本植物在水胁迫环境下,叶片保持膨胀的渗透势发生了适应性下降,许多植物迅速增加有机溶质的含量参与渗透调节,应对外界压力从而保护细胞,确保细胞从低水势条件下有效吸水(Zeng et al.,2009)。细胞质中糖类和氨基酸等有机化合物的积累,在植物渗透调节中起着重要作用。脯氨酸是一种氨基酸,也是植物体蛋白质的重要组分,是植物在干旱胁迫下维持渗透势的重要物质。在许多植物的低渗透胁迫下,脯氨酸的含量远远高于其他氨基酸。因为脯氨酸具有分子量低且水溶性高的特点,是植物组织内一种理想的渗透调节物质。当植物受到干旱胁迫时,植物组织内部便会迅速累积脯氨酸。植物通过体内脯氨酸的积累,提高渗透调节能力,保持细胞内外渗透平衡,维持渗透势,防止水分流失,增强其抗旱性(潘莹萍 等,2018)。已有研究表明,脯氨酸的积累是胡杨应对水分不足的生理反应,随着地下水位的下降,脯氨酸在胡杨体内的积累可以增强胡杨的渗透调节能力,维持原生质与环境的渗透平衡,减少水分流失,抵抗水分胁迫(Chen et al.,2003)。在干旱胁迫下,胡杨体内通过快速进行脯氨酸积累,使胡杨在外界水势很低时仍然可以继续吸水,从而有利于细胞组织维持一定的持水力,防止干旱胁迫下细胞脱水,通过渗透调节维持甚至增强植物的保水能力,以增强胡杨的耐旱性,保证胡杨在干旱条件下的生存和生长。

在干旱胁迫环境下,植物通过防御机制来减轻胁迫伤害,维持植物生长。有研究显示,胡杨除了能够积累脯氨酸外,也积累可溶性糖来减轻低渗透压外界环境对其产生的压力(Watanabe et al.,2000)。可溶性糖的增加可以通过提高细胞渗透压,维持细胞膨压,稳定细胞构象中的酶活性(Aishan et al.,2015)。可溶性糖具有高度水溶和低毒等特性,是植物遭受干旱胁迫时的一种重要渗透调节物质(Bacelar et al.,2006),它不但可以起到渗透调节作用,而且还有助于干旱胁迫过后植物生长的恢复(Chaves et al.,2002)。在对植物内可溶性糖积累的研究中发现,可溶性糖的积累和渗透压力的增加是成比例的。可溶性糖受到水分缺乏的影响,在渗透压力下会作为信号分子产生(Chaves et al.,2004)。在水分胁迫下,可溶性糖可以在两个方面起作用:作为渗透剂和作为渗透保护剂。作为一种渗透剂,水分胁迫引起的可溶性糖的增加与渗透调节和膨压维持显著相关。可溶性糖作为渗透保护剂,能稳定蛋白质和细胞膜,很可能取代水与多肽极性残基和磷脂磷酸基形成氢键。例如,三角叶杨中葡萄糖和果糖的积累能够降低叶片的渗透势,从而有助于在水分胁迫下保持膨压状态。陈敏等(2007)对胡杨的研究也发现,干旱胁迫下植物内可溶性糖会大量积累。在干旱胁迫下,胡杨体内通过进行可溶性糖积累,能稳定蛋白质和细胞膜,参与渗透调节和维持膨压,通过渗透调节维持甚至增强植物保水能力,以增强胡杨的耐旱性,保证胡杨在干旱条件下的生存和生长。

无机离子也是植物重要的渗透调节物质,无机离子的积累可以用来参与渗透调节,降低渗透势,从而提高植物渗透调节能力。在干旱胁迫下,无机离子可主动积累,使细胞容易从外界低水势的介质中吸水。其中,K^+是维持植物细胞渗透压最主要的无机离子,K^+的积累不但有利于植物保持酶活性,还能显著地促进脯氨酸积累(魏永胜等,2001)。Ca^{2+}是参与植物细胞内生理反应的重要物质,它通过稳定细胞膜结构,提高植物抗逆性。Mg^{2+}也是植物体内主要的无机离子,它能够参与植物体内多种生理代谢活动,是细胞内重要的酶活化剂,对植物的生理活动起到促进作用。在本研究中,各干旱处理阳离子 K^+、Ca^{2+}、Mg^{2+} 含量均高于对照组,可见在干旱胁迫的条件下,细胞通过无机离子积累,参与渗透调节,来降低渗透势,提高植物渗透调节能力,同时植物体内能够保证离子分配运输平衡。

干旱胁迫过程中,抗氧化剂在降低干旱胁迫程度对植物生存能力的影响中起着关键作用,活性氧与抗氧化能力的平衡对植物克服各种干旱胁迫具有重要意义(Rajput et al.,2015)。一般水分胁迫等不利环境条件可以诱导植物产生更多的活性氧,导致植物体内活性氧的增加(Hasegawa et al.,2000),干旱胁迫会导致植物气孔关闭,降低叶片中 CO_2 的有效性,抑制碳的固定,使叶绿体暴露在过度的激发能下,从而增加活性氧的生成,引起氧化应激。植物通过抗氧化防御系统来减轻体内过量活性氧的积累对植物造成的损害程度,产生抗氧化酶是植物体内抗氧化防御系统的主要手段,主要的抗氧化酶包括超氧化物歧化酶(SOD)、过氧化氢酶(CAT)和过氧化物酶(POD),这些保护酶用来清除 O^{2-} 和 H_2O_2 的毒害作用(Chen et al.,2010)。在水分胁迫下,抗氧化酶活性的增加可能表明活性氧的产生增加,并形成一种保护机制,以减少由植物经历干旱胁迫所引发的氧化损伤(Meloni et al.,2003)。通过对典型农作物水稻抗逆性的研究表明,在干旱条件下,植物的抗氧化胁迫能力和抗逆性会随着植物体内 SOD 活性的增强而增加,同时对干旱环境中青杨、元宝枫及杨树等林木的抗旱性研究也表明,植物体内 SOD 活性增强的树木表现出更强的抗旱性(杨建伟 等,2004)。也有研究表明,土壤水分亏缺并不会导致胡杨活性氧含量的增加以及抗氧化酶活性的变化(万东石 等,2004)。这些抗氧化酶活性的不同变化趋势可能是由于不同酶的活性变化会因水分胁迫方式、胁迫程度及持续时间的不同而存在差异(吴志华 等,2004)。

当胡杨受到干旱胁迫时,体内会产生大量的 SOD 以清除过量的活性氧,控制细胞内脂质氧化和抵御活性氧的伤害,减少膜系统的伤害并维持渗透调节平衡,能够增强胡杨对逆境的抗性。王燕凌等(2003)对塔里木河下游胡杨的研究同样发现,干旱胁迫下胡杨叶片SOD、POD活性增加。当超过一定的干旱程度时,SOD活性下降,这种酶活性的变化说明它并不能进行持续性的保护。研究表明,杜仲枝条受水分胁迫时,叶片SOD活性随水分胁迫程度加大而降低(文建雷 等,2000)。SOD活性的下降可能与酚类等抗氧化合物促进的非酶抗氧化过程有关(Kume et al.,2007)。有研究认为,干旱胁迫下酶活性先呈增加趋势,随着胁迫时间延长,酶活性会逐渐降低,这可能是由于植物受到干旱胁迫危害的程度超出了其抗氧化酶清除自由基的能力(彭立新 等,2004)。SOD、POD、CAT活性的差异可能与氧化应激损伤机制有关。这些抗氧化化合物在严重胁迫条件下可以作为活性氧的清除剂发挥作用,POD和CAT活性持续增加是为了消除H_2O_2的积累。叶片中H_2O_2含量的增加被认为是胁迫条件下植物组织中细胞通透性破坏的信号(Abdelgawad et al.,2016)。当干旱持续加剧时,POD和CAT活性不能有效增加,反而下降,此时叶片中H_2O_2的含量不断增加,膜中的不饱和脂肪酸过氧化时产生MDA,MDA的显著增加破坏了植物组织细胞的弹性和通透性。

  水分不足可下调一种钙依赖性蛋白激酶,该激酶旨在磷酸化水通道蛋白;水通道蛋白活性的变化可能是渗透胁迫条件下影响水分传输的重要因素。在水分胁迫下,许多物种通过渗透调节来维持水分输送功能(Tester et al.,2003)。当干旱发展缓慢时,渗透调节最有效;在快速干旱时期,细胞弹性的调节可能比渗透调节更能有效地维持细胞膨胀(Saito et al.,2004;Lambers et al.,2008)。由于在干旱胁迫程度加剧时,植物组织细胞膜的弹性和通透性下降,细胞弹性调节损伤,渗透调节不能有效地维持细胞膨胀,从而无法应对外界压力,无法继续从外界低水势条件下持续吸水。在重度干旱胁迫下,胡杨可能会在土壤水分极度亏缺状态下,抗氧化防御系统不能清除产生的过量活性氧,当渗透调节物质的积累不足以维持细胞膨压时,其体内的生物大分子就会失去稳定性,由于自身无法适应和修复而遭受伤害,最终导致死亡(安玉艳 等,2011)。随着干旱胁迫程度不断加剧,胡杨一方面通过增加植物体内的无机离子和有机物的含量进行调节,降低渗透势,提高植物渗透调节能力,增强对逆境的抗性;另一方面通过抗氧化防御体系增加保护酶,增强对氧自由基的清除作用,减少膜系统的伤害,以减少干旱胁迫伤害的程度。胡杨通过这些调整以提高植物的保水能力,形成对水分的有效保持,这是胡杨应对极端干旱并维持生存的适应策略,同时与木质部水分传输效率的增强相协调。

第五节 总 结

在干旱环境中,胡杨通过一系列复杂的生理与形态调整,确保水分的高效输送、利用与保持,从而维持其正常生长与发育。本研究深入探讨了胡杨在干旱胁迫下木质部水分传输、水分利用及水分保持过程的变化,揭示了其适应性机制。本章得出的主要结论如下:

(1)随着干旱胁迫持续时间的增加,根系相对于全株的水分传输阻力不断降低,从 30% 逐渐下降到 4%。叶片相对于冠层的水分传输阻力不断降低,从 48% 下降到 13%。随着干旱胁迫程度的持续加剧,胡杨在整个水分输送过程中,不断强化根系在整个植株的水分输送中的主导作用,不断削弱叶片在整个植株的水分输送中的阻碍作用,维持甚至增强木质部的水分输送能力,形成了对水分的持续吸收和传输。

(2)随着干旱胁迫程度不断加剧,一方面胡杨能够通过气孔的调节减少水分的散失,另一方面胡杨通过增加叶片厚度和栅栏组织厚度,有效阻止光的传播,减少植物叶片蒸腾,增强水分利用的调节能力。胡杨通过这些调整以提高植物的水分利用效率,形成对水分的有效利用,同时与木质部水分传输效率的增强相协调。

(3)随着干旱胁迫程度不断加剧,一方面胡杨通过增加体内无机离子(K^+、Ca^{2+}、Mg^{2+})和有机物(脯氨酸和可溶性糖)的含量进行渗透调节,降低渗透势,增强植物细胞渗透调节作用和保水能力;另一方面胡杨通过抗氧化防御体系增加保护酶(SOD、POD、CAT)活性,增强对氧自由基的清除作用,减少对膜系统的伤害,增强植物的抗逆性,维持细胞的稳定性和持水力。胡杨通过这些调整以提高植物的保水能力,形成对水分的有效保持,这是胡杨应对极端干旱并维持生存的适应策略,同时与木质部水分传输效率的增强相协调。

基于以上主要结论,我们发现:随着干旱胁迫的持续加剧,胡杨的水分传输系统发生了显著变化。胡杨在干旱胁迫下减少了叶片对水分传输的阻碍,从而维持甚至增强了木质部的水分输送能力。这种调整使得胡杨在干旱条件下能够更有效地从土壤中吸收水分,并通过木质部将水分输送到植物体的各个部分。胡杨在干旱条件下能够更有效地利用有限的水分资源,维持其正常生长与发育。同时,胡杨在干旱胁迫下通过渗透调节和抗氧化防御体系来增强保水能力和抗逆性。综上所述,胡杨在干旱胁迫下通过调整水分传输、利用和保持过程来适应干旱环境。这些适应性机制包括增强根系的水分吸收能力、减少叶片对水分传输的阻碍、降低蒸腾作用、增强渗透调节作用和抗氧化防御能力等。这些机制共同作用,使得胡杨能够在干旱环境中维持正常生长与发育,展现出极强的抗逆性。通过对胡杨在干旱条件下水分管理策略的研究,我们可以更深入地理解植物如何适应极端环境。

第六章　盐胁迫下胡杨叶片功能性状的协调性

　　以往学者研究了胡杨等河岸林典型植物对盐胁迫的生理生化过程,通过分析植被生理响应的差异来识别植物对胁迫环境的适应性(Chen et al.,2011;Li et al.,2013;Si et al.,2014;Rajput et al.,2015;Pan et al.,2016;Li et al.,2019),从而揭示河岸林典型植物的抗逆性及演替机制。植物叶片功能性状与植物对环境的适应性及其对资源的获取利用能力密切相关,能较好地反映植物的生理功能等特点,是植物必不可少的功能性状之一,也是理解树木对环境的协调适应机制的关键研究点,因此,叶片功能性状的协调能力对植物的生理、生态表现和生存策略至关重要。尽管干旱半干旱地区盐渍化形势严峻,但胡杨却能够生存并且形成河岸林,可见其叶片功能性状具有一些特殊的特征,以适应逆境环境。因此,胡杨叶片功能性状的适应性研究是耐盐性研究的重要组成部分。已有研究表明,胡杨具有耐盐的生理能力,但其叶片功能性状的生理特性和协调机制尚不清楚。由于以往的研究缺乏对胡杨叶片功能性状的研究,致使胡杨在这种条件下生长的机制解释并不充分。虽然有一些试验研究了胡杨的耐盐性,但主要是通过离体枝条培养的方法进行研究,并将其作为快速评估植物耐受性的工具。本研究旨在通过苗木栽培法研究盐胁迫对胡杨叶片功能性状的重要影响,阐明胡杨叶片水力性状、叶片经济性状、叶片胞内性状等叶片功能性状对盐胁迫的适应性。我们具体研究了以下问题:①胡杨叶片水力性状如何响应盐分梯度和胁迫时间的变化？②胡杨叶片经济性状如何响应盐分梯度和胁迫时间的变化？③胡杨叶片胞内特性如何响应盐分梯度和胁迫时间的变化？

第一节 试验设计与方法

一、试验材料

在把胡杨幼苗移栽到花盆之前,将它们在苗圃里培育2年左右。4月初,将100株胡杨幼苗移栽到花盆中(直径约为33 cm,高度约为25 cm),置于室外自然环境中。花盆内土壤为河道内幼株地挖回来的自然土壤,土质主要以沙土和沙壤土为主。正常培育期,7 d浇水3 L,保证这些树苗生长了3个月后开始试验。

7月中旬左右,我们从这些胡杨幼苗中选择了健康、挺直、无压力、生长良好的样本进行盐胁迫处理。幼苗样本被分配到4个组,每组重复4次。盐度梯度为100 mmol/L NaCl、200 mmol/L NaCl、300 mmol/L NaCl、400 mmol/L NaCl。每个盐度梯度组接受以下处理之一：对照组(CK,盐胁迫持续时间0 d)、7 d处理(盐胁迫持续时间7 d)、14 d处理(盐胁迫持续时间14 d)、21 d处理(盐胁迫持续时间21 d)。每次浇水体积为3 L,在所有处理中均一次性浇完,其余时间所有处理均正常浇水。所有盐处理均在0～21 d进行。在盐渍处理后,对所有幼树进行一次测量。开始的时间根据盐处理的不同而不同,以确保每组在同一天满足所需的盐度持续时间,这使我们可以避免在不同的盐分处理中幼苗生长引起的差异。

二、水力参数的测定

本研究采用水灌注法和高压流量计(HPFM-GEN3,Dynamax Inc., Houston,USA)测定幼苗各部位的导水率(k, kg·s^{-1}·MPa^{-1})。

HPFM 是一种将植物与压力耦合器相接,受压力驱动将蒸馏水注入根系或茎部的仪器,同时测量相应的流量。然后,从施加的压力和流量之间的关系中得到导水率。导水率的测量是通过 HPFM 在"稳态模式"下进行的,我们测量时设定的压力为 350 kPa,直到进入木质部的水流速度稳定后,从而得到枝条导水率的值。每次导水率的测量过程持续时间大约为 10 min。首先,对枝条导水率进行测定,将枝条末端连接到仪器上进行测定,得到枝条导水率(k_{twig})。其次,去除叶片,测量得到裸冠导水率(k_x),叶片的导水率(k_{leaf})基于欧姆定律的水力模拟计算,计算公式如下:

$$k_{leaf} = (k_{twig}^{-1} - k_x^{-1})^{-1} \tag{6.1}$$

三、总叶面积的测定

为了确定总叶面积,从各组的所有幼苗中选取几片新鲜叶片贴在方格纸上,画出它们的轮廓,计算叶片覆盖大于50%网格面积的网格数量。然后,用网格的数量乘以单个网格的面积来计算这些叶片的叶面积。之后,将这些新鲜叶片冷冻于液氮中,以供进一步研究。此外,从各组的所有幼苗中再分别选取 5~10 片叶子,其叶面积计算同上。这些叶片在设定 80 ℃ 的烘箱中干燥,然后用电子天平称重,以获得每棵幼苗比叶重。剩余叶片的叶面积计算方法和前面相同。最后,保存于液氮的叶面积加上剩余叶片的叶面积即为总叶面积。

四、气体交换参数的测定

用 Li-6400 便携式光合作用系统(Li-cor, Lincoln, Nebraska, USA)测量了叶片净光合速率($\mu mol CO_2 \cdot m^{-2} \cdot s^{-1}$)、蒸腾速率($mmol H_2O \cdot m^{-2} \cdot s^{-1}$)和气孔导度($mol H_2O \cdot m^{-2} \cdot s^{-1}$)。测定时间为 10:00—13:00,且和木质部导水率测定在同一天进行。我们在

每棵树顶部选取 3 片完全伸长的叶子来进行测量。测量光强设定为 1200 $\mu mol \cdot m^{-2} \cdot s^{-1}$(采用 6400-02B 红蓝 LED 光源提供),CO_2 浓度为 400 $\mu mol \cdot mol^{-1}$、500 $\mu mol \cdot mol^{-1}$、600 $\mu mol \cdot mol^{-1}$、700 $\mu mol \cdot mol^{-1}$、800 $\mu mol \cdot mol^{-1}$(采用 6400-01 CO_2 混合器提供)。最后,以净光合速率与蒸腾速率的比值估算了水分胁迫下相应的水分利用效率(W_{WUE},$\mu mol CO_2 \cdot mmol H_2O^{-1}$)。

五、生理生化指标的测定

液氮中的叶片转至超低温冰箱(-80 ℃)中进行保存。本研究采用中国苏州科铭生物技术有限公司生产的试剂盒对样品中生理生化指标的含量进行分析测定。将新鲜叶片用液氮研磨后用分析天平精确称取 0.1 g 样品,然后加入 1 mL 的磷酸缓冲液(pH=7.8)进行冰浴匀浆。在 4 ℃环境中用 12000 r/min 离心 15 min,提取上清液,所得上清液即为待测粗酶液,置于 4 ℃冰箱中备用。丙二醛(MDA)能够决定植物氧化应激可能的生理特性,反映应激对细胞膜的损伤。所得上清液用硫代巴比妥酸(Thiobarbituri cacid,TBA)色谱法测定 MDA 的含量。测定原理是 MDA 在较高温度及酸性环境中能够与硫代巴比妥酸缩合,生成红色的 MDA-TBA 加合物,测定其在波长 600 nm 处的吸光度,因红色加合物在波长 532 nm 处有最大吸收峰值,测定其在波长 532 nm 处的吸光度,通过比色过程能够测定样品中过氧化脂质的含量;通过在波长 600 nm 与 532 nm 下测定的吸光度值的差计算得到 MDA 的含量。SOD 活性用氮蓝四唑(Nitro-blue tetrazolium,NBT)比色法测定,原理是甲臜是一种蓝色物质,在波长 560 nm 处有特征光吸收,甲臜是氮蓝四唑被超氧阴离子还原时生成的产物。黄嘌呤及黄嘌呤氧化酶反应能够产生超氧阴离子,SOD 可清除超氧阴离子,则甲臜形成和抑制过程能够反映超氧阴离子的含量和 SOD 催化活性。反应液所呈现的蓝色越浅,说明甲臜越少,SOD

催化活性越高；反之，则甲臜越多，SOD催化活性越低。采用愈创木酚染色法测定POD活性，其原理是POD催化H_2O_2氧化特定底物，在470 nm处有特征光吸收。CAT活性采用钼酸铵比色法测定，其原理是在最佳酶反应条件下，H_2O_2能与钼酸铵反应，通过氧化作用和分子间脱水缩合，形成性质稳定的黄色物质，黄色深浅程度与酶活性呈反比。该物质为复合物，且在波长405 nm处有强烈吸收峰，根据复合物的吸光值和过氧化氢浓度具有线性关系，则体系内剩余过氧化氢的量能够通过在波长405 nm处的吸光值确定，即可反映CAT的催化活性。

将新鲜叶片用液氮研磨后用分析天平精确称取0.1 g样品，用5 mL 3%磺基水杨酸充分研磨提取后将匀浆移至离心管，之后置于95 ℃水浴振荡提取10 min；取10000 g，25 ℃离心10 min，取上清液冷却后待测。脯氨酸含量的测定方法为酸性茚三酮比色法，脯氨酸游离在磺基水杨酸中，加热处理后，酸性茚三酮溶液与脯氨酸反应，生成稳定的红色化合物；加入甲苯萃取后，色素全部转移至甲苯中，色素的深浅表示脯氨酸含量的高低，在波长520 nm处测定吸光度。

用分析天平称取0.1~0.2 g样品，将样品置于研钵中加入少量蒸馏水充分研磨，将研磨好的匀浆倒入离心管并用蒸馏水定容至10 mL，离心管盖好后置于水浴锅中30 min，设置温度为95 ℃，冷却后，用离心机离心，设置转速为3000 r/min，然后取上清液进行测定。可溶性糖含量采用蒽酮比色法测定，加蒽酮试剂后95 ℃水浴10 min，冷却后于波长620 nm处测定吸光值。

六、数据分析

本研究采用SPSS 19.0、Excel 2007和Origin 8.0软件进行数据处理和统计分析。采用ANOVA分析盐胁迫对胡杨叶片功能性状的影响；多重比较采用Duncan法，显著性检验水平为$p=0.05$；方差分析由SPSS 19.0软件完成，作图由Origin 8.0软件完成。

第二节 叶片功能性状参数的变化

一、叶片水力特性参数的变化

不同盐分胁迫持续时间下胡杨全枝、叶片和茎的导水率变化如同 6.1 所示。在 100 mmol/L、200 mmol/L 和 300 mmol/L NaCl 的

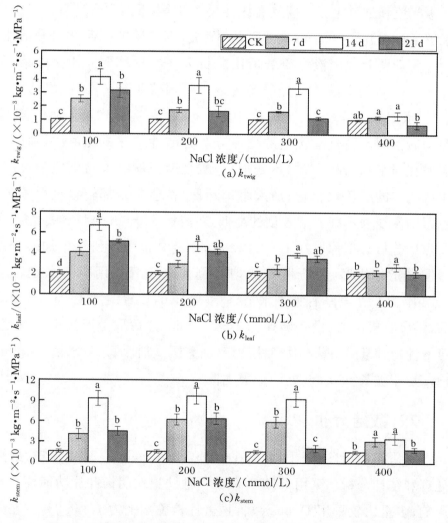

图 6.1 不同盐分胁迫持续时间下胡杨全枝、叶片和茎的导水率变化

盐度处理组中，在相同的 NaCl 浓度下，从对照处理到 14 d 的盐度持续时间内，均导致了枝条比导率（k_{twig}）显著上升，最大值依次分别为 $4.13×10^{-3}$ kg·m^{-2}·s^{-1}·MPa^{-1}、$3.54×10^{-3}$ kg·m^{-2}·s^{-1}·MPa^{-1} 和 $3.33×10^{-3}$ kg·m^{-2}·s^{-1}·MPa^{-1}。盐度胁迫 21 d 后，枝条比导率显著下降，其值依次分别是 CK 处理（无盐）的 3.03 倍、1.59 倍和 1.11 倍。在 400 mmol/L NaCl 的盐度处理组中，枝条比导率随盐胁迫时间的延长逐渐升高，至 14 d 时达到 $1.36×10^{-3}$ kg·m^{-2}·s^{-1}·MPa^{-1}，盐胁迫 21 d 时显著降低到 CK 处理组的 67.45%。此外，在相同处理时间下，枝条比导率随 NaCl 浓度的增加而下降。

在所有 NaCl 浓度的盐度处理组中，在相同的 NaCl 浓度下叶片比导率（k_{leaf}）从对照处理（CK）到 14 d 显著增加，然后在 14 d 到 21 d 期间下降。在盐胁迫 21 d 时，随着浓度的增加，叶片比导率的值分别为对照处理的 2.43 倍、1.99 倍、1.67 倍和 1.18 倍。这种变化趋势表明，在盐胁迫下，叶片提高了水分传输效率和水分传输能力。在相同的盐胁迫持续时间内，随着 NaCl 浓度的增加，叶片比导率的值逐渐下降。研究结果表明，在相同盐度胁迫持续时间内，盐胁迫程度加剧显著降低了叶片的水分传输效率。可见，枝条比导率和叶片比导率在相同盐度作用时间内均随 NaCl 浓度的增加而逐渐降低。在相同的盐胁迫持续时间下，盐胁迫程度显著降低了叶片的水分转运能力，同时胁迫持续时间越长，影响越大。

茎干比导率（k_{stem}）在盐度持续 14 d 时达到最大值，其值依次为 $9.31×10^{-3}$ kg·m^{-2}·s^{-1}·MPa^{-1}、$9.68×10^{-3}$ kg·m^{-2}·s^{-1}·MPa^{-1}、$9.29×10^{-3}$ kg·m^{-2}·s^{-1}·MPa^{-1} 和 $3.56×10^{-3}$ kg·m^{-2}·s^{-1}·MPa^{-1}。可见，在所有其他浓度下，茎干比导率的最大值均处于较高水平，但在 400 mmol/L NaCl 浓度下急剧下降。这表明在轻度和中度盐胁迫条件下，相对叶片而言，茎干水分传输能力提升显著，茎干比叶片具有更高的适应性。此外，在相同盐度胁迫持续时间内，随着 NaCl 浓度的增加，茎干比导率的数值先升高然后降低。可见，茎干比导率的变化趋势与枝条及叶片的比导率变化趋势不同。在盐胁迫环境下，随着胁迫持续时间的延长，胡杨叶和茎的水分转运能力均会增强，且盐胁迫越严重，胡杨的水分转运能力增量越小。

不同盐分胁迫持续时间下胡杨叶片水力阻力占比的变化如图6.2所示。CK处理组下，叶片相对于全枝的水力阻力占比为64.0%。在盐胁迫处理7 d后，随着NaCl浓度的增加，叶片水力阻力占比由71.4%降至64.5%。在14 d的处理中，随着NaCl浓度的增加，该比例从70.6%下降到56.2%。在21 d的处理中，随着NaCl浓度的增加，叶片水力阻力占比从67.5%显著下降到39.4%。水力阻力占比的降低代表了水力传输贡献的增加。在相同的盐胁迫处理时间内，随着盐胁迫程度的增强，盐胁迫程度增加显著增强了枝条上叶片的水力贡献，叶片在整体水分传输中的作用变得更加重要。特别是在高盐浓度(400 mmol/L NaCl)和长时间(21 d)的胁迫下，叶片的水力阻力占比降低到了39.4%，这是首次低于茎的水力阻力占比，此时叶片在全枝中的水力贡献超过了一半。这意味着，尽管盐胁迫对植物整体造成了不利影响，但叶片在水分传输方面的作用仍然非常关键，甚至超过了茎的贡献。

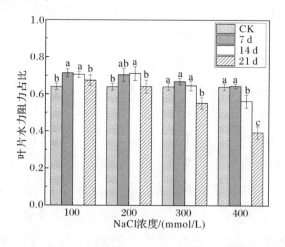

图6.2　不同盐分胁迫持续时间下胡杨叶片水力阻力占比的变化

在所有 NaCl 浓度处理组中,同一盐胁迫浓度下,随着盐胁迫持续时间的增加,叶片水力阻力占比均呈现先增加后减少的趋势。在 21 d 的处理中,对于 100 mmol/L 和 200 mmol/L NaCl 浓度,叶片水力阻力占比与对照处理(CK)相比没有统计学上的显著差异($p>0.05$),但在 300 mmol/L 和 400 mmol/L NaCl 浓度下,该值分别降低了 13.6% 和 38.4%。根据在不同 NaCl 浓度和盐胁迫持续时间下,叶片水力阻力占比的变化趋势,研究结果表明,在较低盐浓度(100 mmol/L 和 200 mmol/L NaCl 浓度)下,长时间的盐胁迫并没有显著改变叶片水力阻力占比,这可能意味着胡杨在轻度盐胁迫条件下具有一定的适应性。然而,在较高盐浓度(300 mmol/L 和 400 mmol/L NaCl 浓度)下,叶片水力阻力占比显著降低,叶片在水分传输方面的作用显著增强。可见,在相同的盐度持续时间下,随着盐水浓度的增加,叶片在树枝中的液压贡献首先增强,随后降低。同时,更高的盐度胁迫导致了更显著的影响。这表明,水力阻力占比的降低实际上意味着叶片在水分传输过程中的效率提高了,即其对整体水分传输的贡献增加了。然而,这种贡献并不是随着盐胁迫的持续时间增加而一直增强的。在相同的 NaCl 处理浓度下,叶片的水力贡献先增强后降低。这可能是因为植物在面临盐胁迫时,初期能够通过调整生理机制来增强叶片的水分传输效率,以应对不利环境;但随着胁迫的持续和加剧,叶片细胞结构和功能可能受到严重损害,导致水分传输效率下降。

二、叶片气体交换参数的变化

不同盐分胁迫持续时间下净光合速率、气孔导度和水分利用效率的变化如图 6.3 所示。在相同的 NaCl 处理浓度下,对照处理(CK)与 7 d 处理之间的净光合速率(p_N)急剧下降,下降幅度为对照处理值的 50.8% 至 8.6%,且下降幅度随着浓度的增加而增加。在盐处理 7 d 到 21 d 时,各 NaCl 浓度下净光合速率均呈上升趋势。这表明初始盐浓度越高,短期内净光合速率的下降幅度越大,这可能是因为高盐浓度对植物的光合作用系统造成了损害。随着时间的推移,植物逐渐适应了盐胁迫环境,净光合速率值开始显著上升,这反映了植物在逆境中的生理适应机制。除了 400 mmol/L NaCl 浓度处理外,净光合速率在盐胁迫持续 21 d 的数值与 CK 处理无显著差异。同时,盐胁迫越严重,相同处理时间下的净光合速率值越小[见图 6.3(a)]。可见,在相同的盐胁迫处理时间内,盐胁迫越严重(即盐浓度越高),净光合速率值就越小。这进一步证明了盐胁迫对植物光合作用的负面影响,以及植物在应对不同胁迫程度时的生理响应差异。

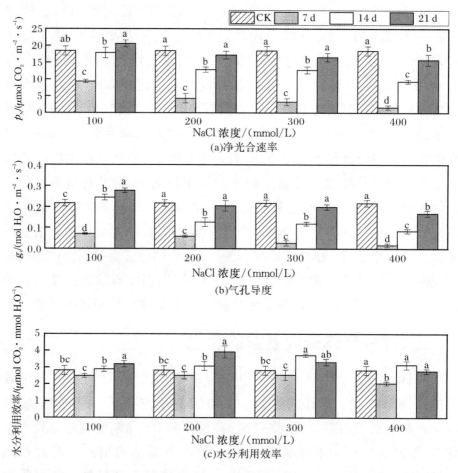

图 6.3 不同盐分胁迫持续时间下净光合速率、气孔导度和水分利用效率的变化

气孔导度(g_s)的变化趋势与净光合速率一致,并且随着浓度的增加,气孔导度值在盐胁迫处理的 7 d 相对对照处理(CK)下降幅度范围在 67.7%至 92.2%之间,盐胁迫越严重,相同盐胁迫持续时间下的气孔导度值越小。这表明突发性盐胁迫越严重,短期内气孔导度下降越大。同时,气孔导度的下降幅度高于净光合速率的下降幅度,这表明在短期内,初始盐胁迫对气孔导度的影响更甚,大于对净光合速率的影响。在盐胁迫处理 7 d 到 21 d 时,气孔导度在各 NaCl 浓度下均呈上升趋势,气孔导度值显著升高,形成对盐胁迫的适应。由此可知,经过短期的适应后,对于一定水平的盐胁迫,气孔导度和净光合速率都能够得到增强。在处理 21 d,100 mmol/L NaCl 浓度处理下的气孔导度值显著高于对照处理;而 200 mmol/L 和 300 mmol/L NaCl 浓度处理下的气孔导度值与对照处理相比没有显著差异;400 mmol/L NaCl 处理下的气孔导度值则显著低于对照处理[见图 6.3(b)]。这表明,盐胁迫持续时间越长,随着盐胁迫程度的增加,气孔导度的恢复速度越慢。

在不同盐浓度处理持续时间下,植物气孔导度的变化情况与净光合速率类似,气孔导度在短期内也受到盐胁迫的显著影响,且其下降幅度在某些情况下甚至超过了净光合速率。然而,随着植物对盐胁迫的逐渐适应,气孔导度值也开始回升,表明植物在逆境中具有一定的生理调节能力。此外,盐胁迫程度对气孔导度值也具有显著影响。与净光合速率类似,盐胁迫越严重,相同盐胁迫持续时间下的气孔导度值就越小。这再次证明了盐胁迫对植物生理功能的负面影响。同时,不同盐浓度处理下的气孔导度值变化也呈现出一定的差异性,这可能与植物对不同盐浓度的适应机制有关。即使在面临盐胁迫时,植物的气孔导度会受到影响而下降,但随着时间的推移和植物的适应过程,气孔导度可能会逐渐恢复,但如果盐胁迫持续时间较长,盐胁迫程度越严重,那么气孔导度的恢复速度会相对较慢,进一步揭示了盐胁迫程度和持续时间对植物气孔导度恢复速度的影响。

虽然不同浓度盐处理 7 d 后净光合速率和气孔导度值均显著下降,但水分利用效率值与对照处理组(CK 组)无显著差异。可见,尽管盐胁迫导致了净光合速率和气孔导度的显著下降,但水分利用效率在处理初期并没有受到显著影响。这可能是因为胡杨在面临盐胁迫时,通过调整其生理机制,能够在一定程度上维持水分利用效率的稳定。

对于 100 mmol/L 和 200 mmol/L NaCl 处理,水分利用效率的趋势与气孔导度的趋势相同,均在 21 d 后达到最大值。然而,对于 300 mmol/L 和 400 mmol/L NaCl 处理组,水分利用效率从盐胁迫持续 7 d 到 21 d 先增加然后下降,到盐胁迫持续 21 d 后,这些处理组的水分利用效率值与对照处理相比没有显著差异[见图 6.3(c)]。可见,在较低的盐浓度(100 mmol/L 和 200 mmol/L NaCl)下,水分利用效率随着处理时间的延长而逐渐增加,达到最大值后可能保持稳定。而在较高的盐浓度(300 mmol/L 和 400 mmol/L NaCl)下,水分利用效率则呈现出先增加后减少的趋势。然而,即使在处理 21 d 后,这些高盐浓度处理下的水分利用效率与对照处理相比也没有显著差异。这说明盐胁迫程度的大小对胡杨的气体交换过程有不同的影响,在较轻程度盐胁迫环境(100 mmol/L NaCl 和 200 mmol/L NaCl)下,随着盐胁迫时间的延长,胡杨经过适应可以提高光合作用和气孔导度,能够较长时间保持高效的水分利用效率。在中度甚至重度盐胁迫环境(300 mmol/L NaCl 和 400 mmol/L NaCl)下,随着盐胁迫时间的延长,胡杨能够短期内保持高效的水分利用效率。

不同盐分胁迫持续时间下净光合速率随 CO_2 浓度的变化如图 6.4 所示。当二氧化碳浓度从 400 $\mu mol \cdot mol^{-1}$ 增加到 600 $\mu mol \cdot mol^{-1}$ 时,所有处理组的净光合速率值均有所上升,这表明增加二氧化碳供应可以在盐胁迫的环境下提高胡杨的光合作用。这证明了二氧化碳供应对盐胁迫下胡杨光合作用的促进作用。在 100 mmol/L NaCl 处理下,盐胁迫持续 7 d、14 d 和 21 d 时的净光合速率值分别增加了 37.9%、59.7% 和 49.0%[见图 6.4(a)]。在 200 mmol/L NaCl 处理下,盐胁迫持续 7 d、14 d 和 21 d 时的净光合速率值分别增加了 39.1%、43.1% 和 33.1%[见图 6.4(b)]。在 300 mmol/L NaCl 处理下,盐胁迫持续 7 d、14 d 和 21 d 时的净光合速率值分别增加了 75.5%、46.8% 和 66.4%[见图 6.4(c)]。在 400 mmol/L NaCl 处理下,盐胁迫持续 7 d、14 d 和 21 d 时的净光合速率值分别增加了 97.5%、93.9% 和 101.3%[见图 6.4(d)]。这表明,在盐胁迫环境下,增加二氧化碳供应能够促进胡杨的光合作用,而且在相同的盐胁迫持续时间内,盐胁迫程度越严重,二氧化碳浓度升高对光合作用的促进作用就明显。这一发现为我们提供了关于植物在盐胁迫下如何通过增加二氧化碳供应来提高光合作用效率的重要信息。

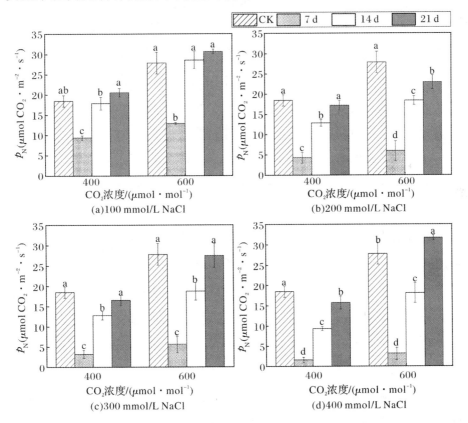

图 6.4 不同盐分胁迫持续时间下净光合速率随 CO_2 浓度的变化

三、生理指标参数的变化

不同盐分胁迫持续时间下 SOD、POD、CAT 的变化如图 6.5 所示。超氧化物歧化酶(SOD)是一种重要的抗氧化酶,能够清除细胞内的超氧阴离子自由基,从而保护细胞免受氧化损伤。对照处理(CK)的 SOD 活性为 156.5 $U·g^{-1}$,在所有 NaCl 浓度处理组下,其活性均随着盐胁迫持续时间的延长而增加。这表明胡杨在面临盐胁迫时,通过提高 SOD 活性来应对胁迫环境和氧化应激,保护细胞免受损伤。在较低的盐浓度(100 mmol/L 和 200 mmol/L NaCl)下,随着胁迫时间的延长,SOD 活性增加变化较为缓慢,而在较高的盐浓度(300 mmol/L 和 400 mmol/L NaCl)下,随着胁迫时间的延长,SOD 活性迅速上升。这可能是因为当盐胁迫程度相对较轻时,胡杨在初期对盐胁迫的适应和抵抗能力较强,SOD 活性的变化相对较慢;但随着胁迫程度的加重和时间的延长,植物细胞受到的损伤逐渐加剧,因此需要更多的 SOD 来清除产生的活性氧。此外,在相同的盐胁迫持续时间内,随着 NaCl 浓度的增加,SOD 活性也呈现上升趋势[见图 6.5(a)]。由此可见,盐胁迫程度越严重,植物细胞会产生大量的活性氧,因此需要更多的 SOD 来应对这种环境胁迫和压力。

过氧化物酶(POD)是一种重要的酶类,在植物体内参与多种代谢过程,特别是在逆境响应中发挥着重要作用。POD 活性在对照处理(CK)时为 354.37 $U·g^{-1}$。在所有 NaCl 浓度下,POD 活性在盐胁迫处理后的 14 d 时均有所上升,随后又逐渐下降。在盐胁迫持续 21 d 时,随着 NaCl 浓度的增加,POD 活性值与对照处理相比,变化范围在 1.9 倍至 3.7 倍之间[见图 6.5(b)]。实验结果表明,在盐胁迫初期,POD 活性呈现出上升趋势,这可能是由于植物为了应对盐胁迫而加强了相关的代谢过程。然而,随着盐胁迫时间的延长,POD 活性又出现下降,这可能是因为长时间的盐胁迫对植物细胞造成了不可

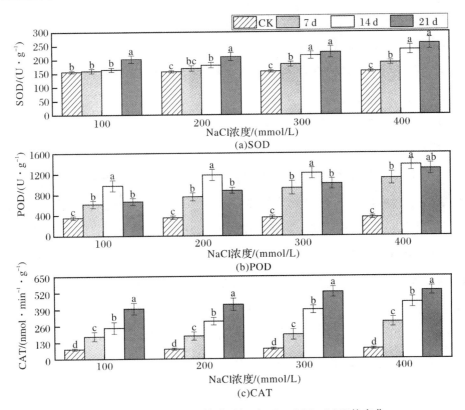

图 6.5 不同盐分胁迫持续时间下 SOD、POD、CAT 的变化

逆的损伤,导致酶活性降低。此外,在相同的盐胁迫持续时间内,POD 活性随着 NaCl 浓度的增加而增强。这说明盐胁迫的严重程度对 POD 活性具有显著影响,高盐浓度会导致 POD 活性更高。

过氧化氢酶(CAT)也是一种重要的酶类,在逆境响应中通过在植物体内参与多种代谢过程发挥作用。在所有 NaCl 浓度下,CAT 活性从对照处理(CK)的 77.42 nmol·min^{-1}·g^{-1} 显著增加到盐胁迫持续 21 d 时的最大值。CAT 活性均随着盐胁迫时间的延长而显著增加,表明 CAT 在清除细胞内由盐胁迫产生的过氧化氢方面发挥着重要作用。在相同的盐胁迫持续时间内,随着 NaCl 浓度的增加,CAT 活性也呈现增强趋势[见图 6.5(c)]。这进一步证明了盐胁迫的严重程度对抗氧化酶活性的影响。可见,胡杨叶片中的超氧化物歧化酶(SOD)、过氧化物酶(POD)和过氧化氢酶(CAT)能够在盐胁迫条件下提供增强的防御保护,这3种酶共同构成了植物体内的抗氧化防御系统,通过协同作用来清除活性氧自由基,保护细胞免受氧化损伤。因此,它们的活性增强有助于提高植物的耐盐性,使其在盐胁迫环境下能够更好地生存和生长。

不同盐分胁迫持续时间下脯氨酸、可溶性糖的变化如图6.6所示。脯氨酸是一种重要的渗透调节物质,在植物面临盐胁迫时,其含量通常会上升,以帮助植物维持细胞内的渗透平衡,从而抵御盐胁迫带来的伤害。在100 mmol/L和200 mmol/L NaCl处理下,不同盐胁迫持续时间对脯氨酸含量的影响没有显著差异。然而,在300 mmol/L NaCl处理下,随着盐胁迫持续时间的增加,脯氨酸含量从对照处理的29.85 $\mu g \cdot g^{-1}$逐渐增加到21 d的35.62 $\mu g \cdot g^{-1}$。在400 mmol/L NaCl处理下,随着盐胁迫持续时间的增加,脯氨酸含量从29.85 $\mu g \cdot g^{-1}$显著增加到21 d的45.89 $\mu g \cdot g^{-1}$[见图6.6(a)]。这表明脯氨酸可以在盐胁迫环境下积累并参与胡杨的渗透调节。

实验结果表明,在较低的盐浓度(100 mmol/L和200 mmol/L NaCl)下,不同盐胁迫持续时间对脯氨酸含量的影响并不显著,这可能意味着在这些盐浓度下,植物能够通过其他机制来应对盐胁迫,而不需要大量积累脯氨酸。然而,在较高的盐浓度(300 mmol/L和400 mmol/L NaCl)下,脯氨酸含量随着盐胁迫时间的延长而显著增加,这表明在高盐胁迫下,植物需要积累更多的脯氨酸来维持细胞内的渗透平衡。此外,在相同的盐胁迫持续时间内,脯氨酸含量随着NaCl浓度的增加而积累。这一发现进一步证明了盐胁迫的严重程度对植物体内脯氨酸含量的影响,即盐浓度越高,植物积累的脯氨酸就越多。

可溶性糖是植物体内的重要渗透调节物质,其含量的变化可以

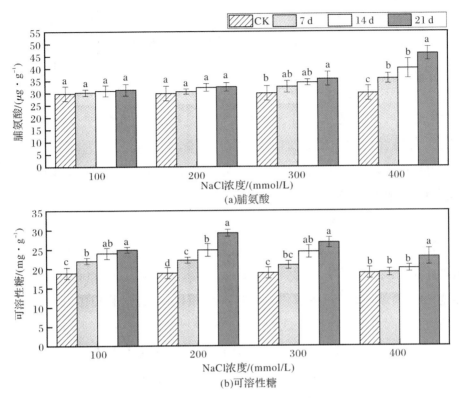

图 6.6　不同盐分胁迫持续时间下脯氨酸、可溶性糖的变化

反映植物对盐胁迫的响应和适应机制。对照处理(CK)的可溶性糖含量为 18.85 mg·g^{-1}，在所有 NaCl 浓度下，随着盐胁迫持续时间的增加，可溶性糖含量在对照处理与 21 d 处理之间均有所上升。这表明在面临盐胁迫时，植物通过增加可溶性糖的含量来调节细胞内的渗透压，从而维持细胞的正常功能。在相同的盐胁迫持续时间内，可溶性糖含量在 100 mmol/L 至 200 mmol/L NaCl 处理下增加，而在 200 mmol/L 至 400 mmol/L NaCl 处理下则呈现下降趋势。这表明可溶性糖在盐胁迫环境下可以积累并参与渗透调节，其中胡杨在盐胁迫较轻时积累最多。这可能是因为在高盐浓度下，植物细胞受到了更严重的损伤，导致可溶性糖的分解速度超过了合成速度，从而使得其含量下降。同时，在较低的盐浓度(100 mmol/L 和 200 mmol/L NaCl)下，随

着盐胁迫持续时间的延长,可溶性糖含量迅速增加,而在较高的盐浓度(300 mmol/L 和 400 mmol/L NaCl)下,随着盐胁迫持续时间的延长,可溶性糖含量增加缓慢[见图 6.6(b)]。这可能是因为植物在初期对盐胁迫的适应和抵抗能力较强,通过快速积累可溶性糖来应对盐胁迫带来的渗透压变化。然而,随着盐胁迫程度的加重和时间的延长,可溶性糖含量的增加速度逐渐放缓,这可能是因为植物在长期的盐胁迫下,其生理机能受到了一定程度的损伤,导致可溶性糖的合成和积累能力下降。

不同盐分胁迫持续时间下 MDA 的变化如图 6.7 所示。丙二醛(MDA)是细胞膜脂过氧化的产物,其含量的变化通常被用作衡量细胞膜损伤程度的指标。MDA 含量在对照处理(CK)中为 37.64 nmol·g^{-1}。随着盐胁迫持续时间的延长,和对照处理组相比,随着盐胁迫的开始,MDA 含量在不同盐浓度下呈现出不同的变化趋势。在 100 mmol/L 和 200 mmol/L NaCl 处理下,MDA 含量在盐胁迫持续 7 d 时显著下降之后升高。在 300 mmol/L NaCl 处理下,MDA 含量在盐胁迫持续 14 d 时显著下降之后升高。而在 400 mmol/L NaCl 处理下,MDA 含量持续下

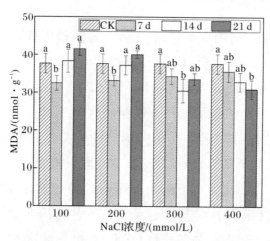

图 6.7 不同盐分胁迫持续时间下 MDA 的变化

降并在盐胁迫持续 21 d 时达到最低值。可以看出,在低于一定程度的盐浓度(100 mmol/L、200 mmol/L 和 300 mmol/L NaCl)下,MDA 含量先下降后上升,这可能是因为植物在初期通过某种机制降低了膜脂过氧化程度,从而降低了 MDA 的产生;随着胁迫时间的延长,膜脂过氧化程度可能有所增加,导致 MDA 含量上升。在一定程度的盐浓度(300 mmol/L 和 400 mmol/L NaCl)下,MDA 含量则持续下降,这可能是由于植物细胞在严重盐胁迫下受到了严重损伤,导致膜脂过氧化过程受到抑制。

不同盐浓度下 MDA 达到最低值的时间节点表明,盐胁迫越轻,MDA 含量的恢复速度越快,这进一步证明了盐胁迫的严重程度对植物细胞膜损伤程度的影响。对于 100 mmol/L 至 400 mmol/L NaCl 处理,MDA 含量的最小值分别约为对照处理值的 81% 至 88%。这表明在盐胁迫下,MDA 含量可以维持在较低水平,且 MDA 含量的最小值相对于对照处理的百分比也表明,即使在较高盐浓度下,植物细胞膜的损伤程度也相对较轻,这可能与植物自身的防御机制有关。

第三节 讨 论

一、盐胁迫下胡杨叶片水力性状

水分传输能力是植物体内水分运输效率的重要指标,其变化可以反映植物对盐胁迫的响应和适应机制。叶片和茎干的水分传输能力均高于整个枝条,这是因为水循环在整个条枝中的传输需要经过更长的路径。当盐浓度不超过 400 mmol/L 时,在盐胁迫持续时间不超过 14 d 的情况下,叶片和茎干的水分传输能力均有所增强。这表明在特定时长的盐胁迫下,胡杨能够通过提高水分转运效率来增强其水分传输能力。同时,在盐胁迫持续时间相同时,随着盐浓度的增加,叶片水分传输能力的增幅逐渐减小,说明高盐浓度对叶片水分转运的负面影响更为显著。研究结果还表明,对叶片水力特性影响而言,增加盐浓度与延长胁迫持续时间相比,其对水分传输能力提升程度的影响更大。此外,100 mmol/L 的盐浓度对叶片水分传输能力产生了显著的积极影响。相比之下,在盐胁迫持续时间相同时,200 mmol/L 和 300 mmol/L 的盐浓度对茎的水分传输能力的积极影响超过了 100 mmol/L 的盐浓度。可见,在轻度和中度盐胁迫下,胡杨的茎干比叶片具有更强的适应性,而在 400 mmol/L 的高盐胁迫下,胡杨水分转运的自适应和调节能力减弱。这表明在不同程度的盐胁迫下,胡杨的叶片和茎可能采取了不同的适应策略。在轻度和中度盐胁迫下,茎的适应性更强,能够更有效地应对环境变化,这可能是因为茎作为水分运输的主要通道,在面临盐胁迫时能够更有效地调节和适应环境变化,以保持水分的高效转运;而在重度盐胁迫下,叶片和茎的水分转运能力都可能受到较大程度的限制。

植物体内的构建成本可以反映在水力阻力占比的值上。已有研究表明,寿命较短的器官由于构建成本较低,需要较低的经济投入,其水力阻力较强(Pivovaroff et al.,2014)。在盐胁迫环境下,叶片的水力阻力在较短的时间内增加,这可能与其较短的寿命和较高的构建成本有关,具有更高水力阻力占比的叶片相比茎干需要更高的构建成本。有学者指出,胡杨具有一种排盐机制,通过将大量有毒盐离子分配到叶片中,再最终通过叶片脱落来实现盐离子的排出(Zeng et al.,2009)。在持续时间较长的重度盐胁迫下,与整个枝条相比,叶片的水力阻力占比从 67.5% 显著下降至 39.4%,这是由于整个枝条的水力阻力增强所致。这些结果也反映了胡杨整体水分传输能力的减弱和最终水分可利用性的降低。研究表明,在盐胁迫下,胡杨叶片中的有毒离子排除机制是基于水分可利用性实现耐盐性的一个贡献因素。

二、盐胁迫下胡杨叶片的性状

水分利用效率能够反映植物每消耗单位水量所产生的干物质数量,在盐胁迫初期,这一指标会受到光合作用以外的其他生理和生化过程的负面影响。在盐胁迫条件下,一些树种的水分利用效率会增强,而有些植物则表现出较低的水分利用效率。

一般来说,在盐胁迫环境下,光合作用的减弱是对初始渗透冲击的响应,这种冲击是由盐胁迫引起的气孔关闭导致的(Li et al.,2013;Minh et al.,2016,)。尽管在盐胁迫早期光合速率急剧下降,但胡杨通过降低气孔导度和提高水分利用效率来减轻盐胁迫的影响(Li et al.,2022;Zhang et al.,2022),这表明气孔性能的变化对水分流失和水分利用效率的影响大于光合作用,这与过去的研究结果一致。已有研究指出,当植物生长在盐渍环境中时,提高水分利用效率有利于物种的生存和发展。Rajput等(2015)的研究结果表明,在特定时长的盐胁迫下,胡杨可以通过提高水分转运效率来增强其水分利用效率。然而,在较高的盐度梯度下,随着胁迫时间的延长,水分利用效率开始下降,这表明综合的生理和生化过程可以通过降低水分利用效率来减轻盐胁迫长期负面影响。

植物在受到环境胁迫时,往往会导致其生理活动减弱,进而对植株的生长发育产生负面的影响,此时植物常会采取相应的策略,使自身向有利于适应外界环境的方向发展。导致光合作用减弱的原因可归于两类,第一类是气孔限制因素,即为适应外界的缺水环境,植物通过将气孔开合度降低的方式来减少水分散失,降低蒸腾速率,以保证植株体内正常的水分需求量,但同时也使CO_2等光合底物的吸收速率减弱,因此影响了光合作用进程。第二类是非气孔限制因素,主要是由于叶肉细胞在中度以及重度胁迫环境下,细胞活性降低,减缓叶片羧化酶对大气CO_2的催化作用,最终使光合速率下降。

大量研究表明,随着盐胁迫浓度的增加,叶片气孔关闭引起植物气孔导度降低,从而限制了叶片中 CO_2 的可用性和碳的固定(Liu et al.,2014;Duan et al.,2018;Lawson et al.,2020)。除了 100 mmol/L 外,盐胁迫条件下的气孔导度均低于对照组,这主要是由盐胁迫引起的叶片中 CO_2 扩散受阻所导致的(Liu et al.,2021)。过去对木本植物的研究结果也表明,叶片和核酮糖二磷酸羧化酶(Rubisco)活性位点中 CO_2 浓度的增加,最终可使光饱和点的光合速率提高 2.8 倍(Duan et al.,2015)。提高的 CO_2 浓度补偿了由于气孔对叶片光合限制而减少的 CO_2 供应,从而提高了叶片的光合性能(Perez-Lopez et al.,2012;Franziska et al.,2014)。我们的研究表明,提高的 CO_2 浓度可以改善光合作用,这提供了证据,表明此时盐胁迫环境下光合作用主要的限制因素是气孔效应导致的 CO_2 向叶片中的扩散减少,而不是 CO_2 同化的生化限制,即使在 400 mmol/L 的高盐浓度胁迫条件下也是如此。因此,在盐胁迫环境下,通过 CO_2 的同化和碳固定,胡杨叶片 CO_2 富集对光合作用和叶片经济性状的影响更大。

在盐胁迫持续 7 d 时,显著降低的气孔导度显示出更高的气孔限制,此时叶片的光合速率至少降低了一半。这表明,尽管在这种情况下未观察到光合作用的生化限制,但叶片光合作用的恢复需要超过 7 d 的时间。与未受盐胁迫的叶片相比,需要更高的 CO_2 浓度,受盐胁迫的叶片才能在 CO_2 同化速率最大时表现出相同强度的光合作用(Xu et al.,2016;Liu et al.,2021)。本研究中,CO_2 浓度增加 50% 对光合作用有显著影响,在盐胁迫下,提高的 CO_2 浓度可能对不同物种产生不同的结果。综上所述,通过向叶片补充 CO_2 消除了盐胁迫对光合作用的不利影响。这是由于通过重新开放的气孔或提高大气 CO_2 浓度梯度,减轻了 CO_2 的扩散阻力,从而提高了胡杨的耐盐性。此外,在较低的盐胁迫下,胡杨对 CO_2 富集的响应相对较弱,但在严重盐胁迫条件下,CO_2 富集对其影响更大。

三、盐胁迫下胡杨叶片水力性状与经济性状的协调

水通过植物整个木质部来实现水分的输送和供应,这不仅是植物生长和生存的必要条件,而且能够补充植物进行蒸腾作用通过气孔损失的水分(Sack et al.,2013)。现有证据表明,气孔性能与水力系统高度相关,控制着植物的水分供应能力(Zhang et al.,2013;Pivovaroff et al.,2016)。气孔导度是短期内植物内水分转运的主要调节因素之一,它会受到水分传输效率调节变化的影响(Liu et al.,2014;Pan et al.,2016)。研究发现,一些草本植物和作物在受到水分胁迫时,随着气孔导度的下降,其叶片的水分转运能力也相应降低(Corso et al.,2020)。本研究发现,胡杨在轻度和中度盐胁迫下,盐胁迫持续7 d时出现气孔导度显著下降的现象,但随着叶片水分传输能力增加,气孔导度值提高,气孔开合状况的改善可能与茎干内部水分传输效率提高致使叶片水分充足有关。我们的研究还表明,在所有盐浓度处理下,胡杨叶片在盐胁迫持续7 d时光合作用均显著下降,但随着胁迫持续时间的延长,光合作用出现反弹,开始有所恢复。此前有报道称,胡杨幼苗光合作用下降是对盐胁迫的早期反应,这是由于土壤中盐的存在导致细胞渗透势的下降以及水分有效性和营养物质可用性的减少(Li et al.,2013)。经过一段时间的盐胁迫适应后,光合作用的增强可能是胡杨的一种适应策略,光合作用的恢复反映了叶片经济性状与其维持较高水分传输效率的水力性状相协调,也说明了胡杨在经历盐胁迫持续一段时间后,其叶片经济性状和水力性状表现基本一致,实现了胁迫中期适应。以往的研究表明,苜蓿叶片经济与水力性状也存在类似的协调性变化(Yin et al.,2021)。

胡杨在盐胁迫持续21 d时,叶片气孔导度有所增加,但叶片的水分传输效率却下降了。这表明叶片的水力性状和其经济性状存在变化不一致的现象,这与早期针对中国亚热带和热带森林的研究结果

一致（Li et al.，2015；Blackman et al.，2016；He et al.，2019）。叶片的水力性状和经济性状分别涉及不同叶肉组织的两个功能子系统，这两个组织位于不同的区域，叶片的水力性状和经济性状分别与叶肉组织内的海绵组织及栅栏组织有关（Li et al.，2015）。海绵组织和栅栏组织作为叶肉组织的功能子系统，其调节可能并不同步，造成这种差异的原因很可能是不同的水分条件尤其是水分可用性的差异（Yin et al.，2018）。现有研究表明，与叶片水力性状相比，叶片气孔调节行为与植物茎干水力性状及其水势的联系更加紧密（Quero et al.，2011；Zhang et al.，2013）。我们的研究表明，胡杨在经历盐胁迫持续比较长的一段时间后，其叶片的经济性状与水力性状的表现并不完全一致。

四、盐胁迫下胡杨叶片胞内性状

盐胁迫使叶绿体暴露在过量的激发能下，这可能导致活性氧（ROS）的产生增加和诱导氧化应激（Ray et al.，2012）。ROS 的产生对细胞的完整性极为有害，并且随着盐胁迫时间的延长，活性氧物质对细胞的破坏也会加剧（Hamada et al.，2016）。为了消除这些有害分子，过氧化物酶开始保护植物免受氧化应激的影响和伤害，叶片抗氧化酶活性在清除 ROS 和维持自我耐受性以应对胁迫环境方面起着至关重要的作用，过氧化物酶活性的增加表明 ROS 的产生增加（Demidchik，2015；Rajput et al.，2015；Li et al.，2016；Yu et al.，2020）。在本研究中，胡杨在低盐度处理下经过较短胁迫持续时间后，叶片中的超氧化物歧化酶（SOD）活性保持稳定，当胁迫时间进一步持续后显著增强。与 SOD 不同，叶片中的过氧化物酶（POD）和过氧化氢酶（CAT）活性随着盐胁迫持续时间的逐渐延长而不断增强，这表明在轻度盐胁迫环境下胡杨叶片细胞内起主导保护作用的抗氧化酶是 POD 和 CAT。在较高浓度 NaCl 处理的植物中，观察到 SOD、POD

和 CAT 具有更高的活性,由此表明在中度甚至重度盐胁迫环境下,胡杨具有更强的 ROS 清除能力,这可能是一种胡杨用于减弱严重盐胁迫引起氧化损伤的防御机制,这与之前学者的研究结果一致(Rajput et al.,2015)。然而,需要注意的是,虽然保护酶活性的增加在一定程度上可能有助于植物抵御盐胁迫,但过高的酶活性也可能对植物细胞造成一定的损伤。

渗透调节是某些草本和木本植物物种对土壤中高浓度离子积累引起渗透胁迫的常见响应(Shamsi et al.,2020;Afefe et al.,2021)。植物通过糖和氨基酸等有机化合物在细胞质中的积累,能够减轻离子的毒害作用,有助于使细胞恢复稳态,从而在胁迫下生存(Parihar et al.,2015)。脯氨酸是植物细胞质中一种重要的氨基酸,在盐胁迫环境下,不同物种脯氨酸含量的变化有所不同。例如,在盐胁迫下,红树林和澳大利亚野生稻体内会迅速积累脯氨酸(Nguyen et al.,2021;Afefe et al.,2021),但珍珠粟和小麦体内的脯氨酸含量减少(Yadav et al.,2020)。在本研究中,胡杨在低盐度处理下经过较短胁迫持续时间后,脯氨酸含量保持稳定,当胁迫时间进一步持续后显著积累。以往有研究证明,在 NaCl 胁迫下生长的胡杨根部的脯氨酸含量较低,而离体培养的幼苗叶片中脯氨酸含量较高(Watanabe et al.,2000)。这可能是因为植物具有完整性,通过渗透调节可以实现细胞内低水平的脯氨酸积累。可溶性糖可能作为一种储存形式,能够在盐胁迫条件下为植物渗透调节和木质部恢复提供能量,以实现植物的生存(Choat et al.,2018;Yu et al.,2020;Secchi et al.,2011;Martinez et al.,2002)。先前的研究已经表明,可溶性糖通过渗透调节有助于在渗透胁迫期间维持土壤与植物之间的水势梯度,以实现植物细胞不断从外界汲取水分(De-Baerdemaeker et al.,2017)。在本研究中,胡杨在较高盐度处理下经过较短胁迫持续时间后,可溶性糖含量基本保持稳定,但在较低盐度处理下显著积累。叶片中脯氨酸和总可溶性糖的积累,可能与渗透机制和耐盐胁迫有关,这与先前研究的结论一致。研究表明,胡杨在轻度盐胁迫环境下体内可溶性糖的积累可能比脯氨酸的积累对渗透调节的贡献更大,而在中度甚至重度盐胁迫环境下,其体内脯氨酸的积累可能发挥更大的作用(Watanabe et al.,2000;Moukhtari et al.,2020)。

丙二醛(MDA)含量可以反映细胞膜破坏的最终水平,若 MDA 的生成量较低,表明细胞膜破坏程度较低;相反,如果 MDA 的生成量较高,则表明细胞膜破坏程度较严重(Shamsi et al.,2020;Bezerra et al.,2022)。胡杨中由于抗氧化酶的防御和渗透调节的共同作用,能够使细胞内 MDA 值维持在较低的水平并且相对稳定,以避免盐胁迫下造成严重的膜损伤。同时,这说明低 MDA 水平可能对植物适应盐胁迫环境具有重要影响,正如一些研究者对具有耐盐机制的物种提出了类似的观点(Sergio et al.,2012)。当处于盐胁迫环境时,胡杨叶片中的细胞内调节机制,以及抗氧化酶防御机制和渗透调节发挥保护作用,是胡杨实现耐盐的关键因素。可见,植物在盐胁迫环境下存在一种协调机制,即胡杨叶片的细胞内特性可以与叶片的水力特性和经济性状相协调,减少盐害,保证胡杨在盐胁迫条件下的存活和生长。在未来的研究中,我们也需要进一步探讨不同树种、不同生长阶段以及不同环境条件下的叶片功能性状变化及其与盐胁迫的响应关系,以更全面地揭示植物对盐胁迫的适应机制。

第四节 总 结

本章以盐胁迫下胡杨叶片功能特性的适应和协调为研究对象,分析了水分参数、气体交换参数和生理生化因子对胡杨叶片功能特性的影响。本章所得出的主要结论如下:

(1)盐胁迫对植物叶片功能性状的有害影响范围取决于盐胁迫程度。叶片的功能特性是连接外部环境和植物的纽带,对植物在环境变化中的性能提升有着重要的影响。叶片功能性状的变化反映了干旱区河岸植物在不同盐胁迫条件下的抗逆性和适应性。

(2)在中等盐胁迫水平下,胡杨叶片经济性状与叶片水力性状基本一致,但在盐胁迫初期和胁迫时间较长时,两者变化不一致。在严重的非致死性盐度条件下,胡杨几乎没有生化限制,CO_2富集对其叶片经济性状的影响较大。

(3)基于水分可利用性的毒性离子排斥和叶片的细胞内机制是胡杨耐盐性的影响因素。叶片胞内性状与叶片经济性状和叶片水力性状相互协调,形成防御机制,降低盐害,保证胡杨在盐渍条件下的生长。

基于以上主要结论,我们深入研究盐胁迫下胡杨叶片功能特性的适应与协调机制,发现一系列复杂的生理生化反应与调节机制在其中起到了至关重要的作用。这些机制共同构成了胡杨在盐碱环境中生存与繁衍的坚实基础。盐胁迫对植物叶片功能性状的影响是多方面的,且其影响程度与盐胁迫的严重程度直接相关。叶片,作为连接外部环境与植物体的桥梁,其功能特性不仅关乎植物的整体性能,更在植物适应环境变化的过程中起到了决定性的作用。在盐胁迫条件下,胡杨叶片的功能性状会发生一系列变化,这些变化既是植物对逆境的响应,也是其抗逆性和适应性的体现。在中等盐胁迫水平下,胡杨叶片的经济性状与叶片的水力性状往往能够保持一致,这种一致性是胡杨叶片功能适应性的体现。然而,在盐胁迫初期或胁迫时间较长时,两者之间的变化可能会出现不一致的情况,这可能与胡杨在不同阶段采取的应对策略有关。值得注意的是,在严重的非致死性盐度条件下,胡杨的生化限制几乎可以忽略不计,而CO_2富集对其叶片经济性状的影响则相对较大。这可能是因为CO_2富集能够提高叶片的光合作用效率,从而在一定程度上缓解盐胁迫带来的压力。在探究胡杨耐盐性的机制时,我们不得不提到基于水分可利用性的毒性离子排斥和叶片的细胞内机制,这些机制是胡杨在盐碱环境中生存的关键。叶片胞内性状与叶片经济性状和叶片水力性状之间的协调,共同构成了胡杨叶片的防御机制,能够有效地降低盐害,保证胡杨在盐渍条件下的正常生长。植物可以通过保护机制减轻应激损伤,维持生存。植物可以通过对适应性功能性状的调整来适应非生物环境,这是胡杨在极端地区生存的进一步证据。胡杨河岸林通过调节和协调叶片功能性状来适应盐碱环境。综上所述,胡杨在盐胁迫下的叶片功能特性适应与协调机制是一个复杂而精细的过程,涉及多个生理生化反应的协调与配合。这些机制共同构成了胡杨在盐碱环境中生存的基石,也为我们在未来研究植物抗逆性提供了新的思路和方法。

第七章　干旱胁迫和盐胁迫下胡杨生理特性的差异性

在人类文明的演进过程中,人类的活动不断改变着自然环境的面貌。特别是在黑河下游,这种影响尤为显著。随着农业、工业和城市化的不断发展,人类对黑河水资源的开采、利用和管理方式逐渐改变了河流的自然水文过程。原本宽广的河道,由于人类活动的持续影响,从上游到下游逐渐变得狭窄,甚至在某些区域出现了断流的现象。这种变化不仅影响了河流的水文循环,也对沿岸的土壤和植被产生了深远的影响。由于水分的减少,土壤中的盐分逐渐累积,含盐量不断升高。这种变化对河岸的植物来说,无疑是一个巨大的挑战。它们长期受到干旱和盐分的双重胁迫,生存环境日益恶劣。曾经生机勃勃的绿色走廊,因为这些原因而逐渐萎缩,许多植物难以生存。其中,胡杨林作为这一地区的重要植被类型,其退化问题尤为突出。胡杨林不仅为当地提供了重要的生态服务,如防风固沙、保持水土等,还是生物多样性的重要载体。然而,由于盐胁迫和干旱胁迫的影响,胡杨林的生存环境日益恶化,许多树木出现了生长缓慢、叶片枯黄等现象,部分区域甚至出现了胡杨林大面积死亡的情况。因此,研究胡杨在盐胁迫和干旱胁迫下的生理调节机制,对于理解其如何适应外部生存环境、保护这一珍贵的生态资源具有重要意义。虽然关于胡杨的耐盐机制和抗旱机制已有一些研究(雷善清 等,2020;曾凡江 等,2002;杨永青 等,2006;陈亚鹏 等,2004),但这些研究大多侧重于短期内的生理响应或非连续性的观察,对于胡杨在长期胁迫下的生理调节机制以及耐盐和耐旱机制之间的差异研究相对较少。为了填补这一空白,我们需要进行更深入、更全面的研究。通过持续监测和实验分析,我们可以更准确地了解胡杨在盐胁迫和干旱胁迫下的生理响应过程,揭示其抵御恶劣环境的适应机制。为研究盐胁迫和干旱胁迫下胡杨的生理响应过程及差异,本研究进行了控制试验,试图回答以下问题:①在不同的水分胁迫下,胡杨内在生理特性如何变化?②在不同的盐胁迫下,胡杨内在生理特性如何变化?③在不同的水分胁迫和盐胁迫下,胡杨抵御盐胁迫和干旱胁迫的适应机制有何差异?

第一节 试验设计与方法

一、试验材料

在把胡杨幼苗移栽到花盆之前,将它们在苗圃里培育 2 年左右。4 月初,将 100 株胡杨幼苗移栽到花盆中(直径约为 33 cm,高度约为 25 cm),置于室外自然环境中。花盆内土壤为河道内幼株地挖回来的自然土壤,土质主要以沙土和沙壤土为主。正常培育期,7 d 浇水 3 L,保证这些树苗生长了 3 个月后开始试验。

7 月中旬左右,我们从这些树苗中选择了健康、挺直、无压力、生长良好的样本进行干旱处理。这些幼苗高约 40 cm,胸径约为 0.45 cm。干旱处理是通过暂停灌溉来减少水的供应。同时,在处理过程中,雨天在花盆上放置一个透明的塑料棚,以确保干旱的持续可控性。盐胁迫试验分为 5 组,每 4 株为一组,共 20 株用于盐胁迫实验。综合之前学者对于胡杨盐胁迫的研究,设置了以下盐分梯度,分别为:对照组 0 mmol/L NaCl,其余四组 NaCl 浓度依次为 100 mmol/L、200 mmol/L、300 mmol/L 和 400 mmol/L。NaCl 溶液为 3 L,盐胁迫试验处理时一次性浇入各对应胁迫处理组。干旱胁迫试验同样分为

5 组,每 4 株为一组,共 20 株用于干旱胁迫实验。具体如下:对照组(CK),正常浇水,每 7 d 浇水 3 L。根据幼苗的浇水周期确定以下干旱方案,各组均接受下列干旱处理之一:对照组(0 d 干旱)、7 d 处理组(干旱持续 7 d)、14 d 处理组(干旱持续 14 d)、21 d 处理组(干旱持续 21 d)、28 d 处理组(干旱持续 28 d)。干旱处理是通过暂停浇水来减少水的供应。同时,在处理过程中,雨天在花盆上放置一个透明的塑料棚,以确保干旱的持续可控性。在盐胁迫期间和非干旱持续期间正常浇水,不同盐胁迫和干旱处理的开始时间分别是试验结束前 28 d、21 d、14 d、7 d、0 d,以确保所有试验组的幼苗在同一天达到所需的盐胁迫和干旱胁迫持续天数,以避免因生长引起的测量差异。

二、保护酶活性的测定

液氮中的叶片转至超低温冰箱(-80 ℃)中进行保存。本研究采用中国苏州科铭生物技术有限公司生产的试剂盒对样品中生理生化指标的含量进行分析测定。将新鲜叶片用液氮研磨后用分析天平精确称取 0.1 g 样品,然后加入 1 mL 的磷酸缓冲液(pH=7.8)进行冰浴匀浆。在 4 ℃环境中用 12000 r/min 离心 15 min,提取上清液,所得上清液即为待测粗酶液,置于 4 ℃冰箱中备用。SOD 活性用氮蓝四唑(Nitroblue tetrazolium,NBT)比色法测定,原理是甲臜是一种蓝色物质,在波长 560 nm 处有特征光吸收,甲臜是氮蓝四唑被超氧阴离子还原时生成的产物。黄嘌呤及黄嘌呤氧化酶反应能够产生超氧阴离子,SOD 可清除超氧阴离子,则甲臜形成和抑制过程能够反映超氧阴离子的含量和 SOD 催化活性。反应液所呈现的蓝色越浅,说明甲臜越少,SOD 催化活性越高;反之,则甲臜越多,SOD 催化活性越低。采用愈创木酚染色法测定 POD 活性,其原理是 POD 催化 H_2O_2 氧化特定底物,在 470 nm 处有特征光吸收。CAT 活性采用钼酸铵比色法测定,其原理是在最佳酶反应条件下,过氧化氢能与钼酸铵反应,通过氧化作用和分子间脱水缩合,形成性质稳定的黄色物质,黄色深浅程度与酶活性呈反比。该物质为复合物,且在波长 405 nm 处有强烈吸收峰,根据复合物的吸光值和过氧化氢浓度具有线性关系,则体系内剩余过氧化氢的量能够通过在波长 405 nm 处的吸光值确定,即可反映 CAT 的催化活性。

三、可溶性糖含量的测定

用分析天平称取 0.1~0.2 g 样品,将样品置于研钵中加入少量蒸馏水充分研磨,将研磨好的匀浆倒入离心管并用蒸馏水定容至 10 mL,离心管盖好后置于水浴锅中 30 min,设置温度为 95 ℃,冷却后,用离心机离心,设置转速为 3000 r/min,然后取上清液进行测定。可溶性糖含量采用蒽酮比色法测定,加蒽酮试剂后 95 ℃水浴10 min,冷却后于波长 620 nm 处测定吸光值。

四、丙二醛含量的测定

丙二醛(MDA)能够决定植物氧化应激可能的生理特性,反映应激对细胞膜的损伤。本研究采用中国苏州科铭生物技术有限公司生产的试剂盒对样品中丙二醛(MDA)含量进行分析测定。将新鲜叶片用液氮研磨后用分析天平精确称取 0.1 g 样品,加入 1 mL 的磷酸缓冲液进行冰浴匀浆。在 4 ℃时用 12000 r/min 离心 15 min,提取上清液测定丙二醛(MDA)的含量。MDA 是过氧化脂质,所得上清液用硫代巴比妥酸(Thiobarbituric acid,TBA)色谱法测定 MDA 的含量。测定原理是 MDA 在较高温度及酸性环境中能够与硫代巴比妥酸缩合,生成红色的 MDA-TBA 加合物,测定其在波长 600 nm 处的吸光度,因红色加合物在波长 532 nm 处有最大吸收峰值,测定其在波长 532 nm 处的吸光度,通过比色过程能够测定样品中过氧化脂质的含量;通过在波长 600 nm 与 532 nm 下测定的吸光度值的差计算得到 MDA 的含量。

五、数据分析

本研究采用 SPSS 19.0、Excel 2007 和 Origin 8.0 软件进行数据处理和统计分析。采用 ANOVA 分析盐胁迫和水分胁迫对胡杨幼苗的影响;多重比较采用 Duncan 法,显著性检验水平为 $p=0.05$;方差分析由 SPSS 19.0 软件完成,作图由 Origin 8.0 软件完成。

第二节 盐胁迫对胡杨生理特性的影响

一、保护酶活性的变化

不同盐分胁迫条件下胡杨叶片中 SOD 活性的变化如图 7.1 所示。同浓度盐处理下,随着盐胁迫持续时间的延长,SOD 的活性均呈现先增加后减少的趋势。在对照组,SOD 的活性为 156.49 $U \cdot g^{-1}$,当 NaCl 浓度分别为 100 mmol/L 和 200 mmol/L 时,在盐胁迫处理后的 0 至 14 d,SOD 活性增加相对平缓。当 NaCl 浓度分别为 300 mmol/L 和 400 mmol/L 时,在盐胁迫处理后的 0 至 14 d,SOD 活性显著增加($p<0.05$)。在 NaCl 浓度分别为 100 mmol/L、200 mmol/L、300 mmol/L 和 400 mmol/L 时,SOD 的活性均在盐胁迫处理后 21 d 时值达到最大,依次为 202.09 $U \cdot g^{-1}$、210.39 $U \cdot g^{-1}$、226.20 $U \cdot g^{-1}$ 和 258.32 $U \cdot g^{-1}$,相比对照组分别增加了 29.14%、34.44%、44.55% 和 65.07%。从盐胁迫处理后 21 d 到盐胁迫处理后 28 d,SOD 的活性显著下降。在 NaCl 浓度分别为 100 mmol/L、200 mmol/L、300 mmol/L 和 400 mmol/L 时,盐胁迫处理后 28 d SOD 活性分别是对照组的 1.10 倍、1.16 倍、1.24 倍和 1.41 倍,除 NaCl 浓度为 100 mmol/L 外,盐胁迫处理后 28 d 时 SOD 活性均显著高于对照组($p<0.05$),且盐分浓度越高,差异越大(见图 7.1)。

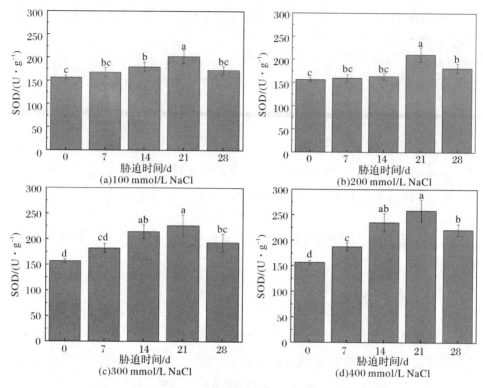

图 7.1 不同盐分胁迫条件下胡杨叶片中 SOD 活性的变化

不同盐分胁迫条件下胡杨叶片中 POD 活性的变化如图 7.2 所示。同浓度盐处理下,随着盐胁迫持续时间的延长,POD 的活性均呈现先增加后减少的趋势。在对照组,POD 的活性为 354.37 $U·g^{-1}$,在 NaCl 浓度分别为 100 mmol/L、200 mmol/L、300 mmol/L 和 400 mmol/L 时,POD 的活性均在盐胁迫处理后 14 d 时达到最大,依次为 796.78 $U·g^{-1}$、1179.58 $U·g^{-1}$、1213.01 $U·g^{-1}$ 和 1371.23 $U·g^{-1}$。从对照组到盐胁迫处理后 7 d 和从盐胁迫处理后 7 d 到盐胁迫处理后 14 d,相邻胁迫处理组 POD 活性显著增加($p<0.05$);从盐胁迫处理后 14 d 到盐胁迫处理后 28 d,POD 的活性显著下降($p<0.05$)。在 NaCl 浓度分别为 100 mmol/L、200 mmol/L、300 mmol/L 和 400 mmol/L 时,盐胁迫处理后 28 d POD 活性分别是对照组的 1.32 倍、1.78 倍、2.13 倍和 2.48 倍,均显著高于对照组($p<0.05$)(见图 7.2)。

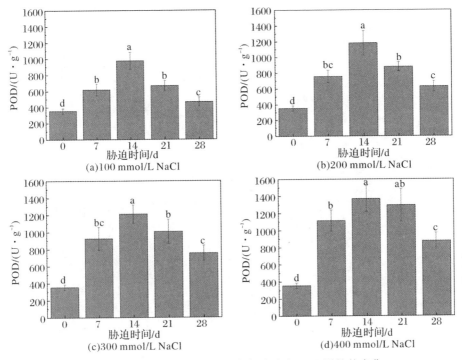

图 7.2 不同盐分胁迫条件下胡杨叶片中 POD 活性的变化

不同盐分胁迫条件下胡杨叶片中 CAT 活性的变化如图 7.3 所示。同浓度盐处理下,随着盐胁迫持续时间的延长,CAT 的活性均呈现先增加后减少的趋势。在对照组,CAT 的活性为 77.42 nmol·min^{-1}·g^{-1},在 NaCl 浓度分别为 100 mmol/L、200 mmol/L、300 mmol/L 和 400 mmol/L 时,CAT 的活性均在盐胁迫处理后 21 d 时达到最大,依次为 396.13 nmol·min^{-1}·g^{-1}、427.07 nmol·min^{-1}·g^{-1}、524.77 nmol·min^{-1}·g^{-1} 和 535.99 nmol·min^{-1}·g^{-1}。从对照组到盐胁迫处理后 21 d,相邻胁迫处理组 CAT 活性显著增加($p<0.05$);从盐胁迫处理后 21 d 到盐胁迫处理后 28 d,CAT 的活性显著下降($p<0.05$)。在 NaCl 浓度分别为 100 mmol/L、200 mmol/L、300 mmol/L 和 400 mmol/L 时,盐胁迫处理后 28 d CAT 活性分别是对照组的 1.65 倍、1.47 倍、1.33 倍和 1.22 倍,和对照组并无显著性差异($p>0.05$)(见图 7.3)。

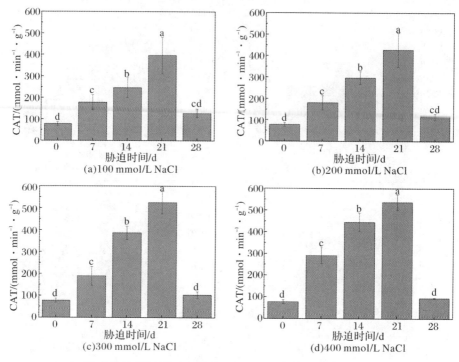

图 7.3 不同盐分胁迫条件下胡杨叶片中 CAT 活性的变化

二、可溶性糖含量的变化

不同盐分胁迫条件下胡杨叶片中可溶性糖含量的变化如图 7.4 所示。同浓度盐处理下,随着盐胁迫持续时间的延长,可溶性糖的含量均呈现逐渐增加的趋势。在对照组,可溶性糖的含量为 18.85 mg·g^{-1},在 NaCl 浓度分别为 100 mmol/L、200 mmol/L、300 mmol/L 和 400 mmol/L 时,可溶性糖的含量均在盐胁迫处理后 28 d 时达到最大,依次为 26.41 mg·g^{-1}、35.01 mg·g^{-1}、30.36 mg·g^{-1} 和 28.54 mg·g^{-1}。在 NaCl 浓度分别为 100 mmol/L、200 mmol/L 和 300 mmol/L 时,从对照组到盐胁迫处理后 28 d,可溶性糖的含量显著增加($p<0.05$)。在 NaCl 浓度为 400 mmol/L 时,从对照组到盐胁迫处理后 14 d,可溶性糖的含量基本维持稳定,从盐胁迫处理后 14 d 开始,一直到盐胁迫处理后 28 d,可溶性糖含量开始逐渐增加(见图 7.4)。

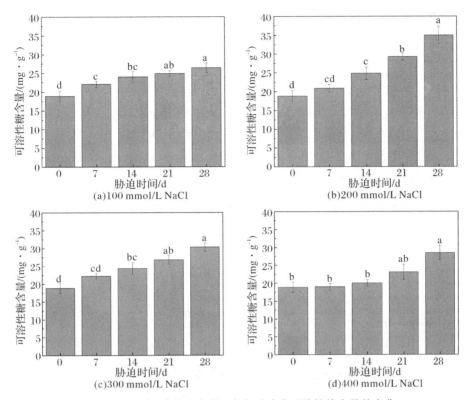

图 7.4 不同盐分胁迫条件下胡杨叶片中可溶性糖含量的变化

三、丙二醛含量的变化

不同盐分胁迫条件下胡杨叶片中 MDA 含量的变化如图 7.5 所示。植物在胁迫环境中,体内自由基作用于脂质发生过氧化反应,最终氧化产物为丙二醛(MDA),MDA 的积累程度可以反映植物具有细胞毒性和受环境胁迫的损伤程度。同浓度盐处理下,随着盐胁迫持续时间的延长,MDA 的含量均呈现先减少后增加的趋势。在对照处理组中,叶片 MDA 含量为 37.64 nmol·g^{-1}。在 NaCl 浓度分别为 100 mmol/L 和 200 mmol/L 时,从对照组到盐胁迫处理后 7 d 时 MDA 含量显著降低,从盐胁迫处理后 7 d 到盐胁迫处理后 28 d 逐渐增加,相邻处理组 MDA 的含量无显著性差异。在 NaCl 浓度为 300 mmol/L 时,从对照组到盐胁迫处理后 14 d 时 MDA 含量显著降低到 30.98 nmol·g^{-1},

比对照组降低了 17.69%,从盐胁迫处理后 14 d 到盐胁迫处理后 28 d 显著增加($p<0.05$)。在 NaCl 浓度为 400 mmol/L 时,从对照组到盐胁迫处理后 21 d 时,MDA 含量显著降低到 30.57 nmol·g^{-1},比对照组降低了 18.78%;从盐胁迫处理后 21 d 到盐胁迫处理后 28 d MDA 含量增加。各盐胁迫处理组在胁迫 28 d 时,MDA 的含量和对照组无显著性差异(见图 7.5)。这是由于胡杨受到盐分胁迫时,SOD、POD 和 CAT 等保护酶活性的增加强化了其抗氧化酶系统的防御功能,并通过可溶性糖等有机物质的积累增强了渗透调节系统的功能,二者共同作用一定程度上能够减少 MDA 的产生并促使细胞膜系统维持其生理功能,因此,当胡杨受到盐胁迫时,前期 MDA 含量降低。

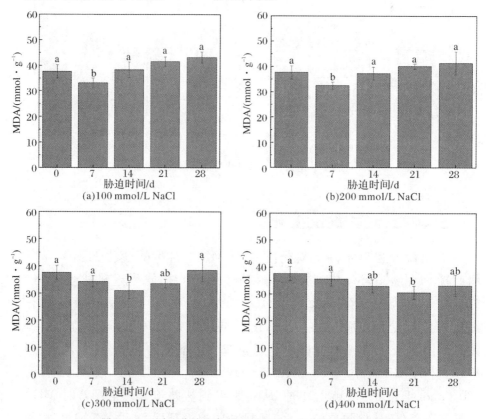

图 7.5 不同盐分胁迫条件下胡杨叶片中 MDA 含量的变化

第三节 干旱胁迫对胡杨生理特性的影响

一、保护酶活性的变化

随着干旱持续时间的延长,干旱胁迫程度不断加剧,SOD、POD、CAT 活性均呈现先增加后减少的趋势。在对照组,SOD 的活性为 156.49 U·g^{-1},从对照组到干旱 7 d,SOD 的活性增加到 207.48 U·g^{-1},和对照组相比,大约增加了 32.58%。从干旱 7 d 到干旱 28 d,SOD 的活性显著降低。在干旱持续 28 d 时,SOD 的活性为 62.13 U·g^{-1},和对照组相比降低了 60.30%。在对照组,POD 的活性为 358.93 U·g^{-1},从对照组到干旱 21 d,POD 的活性增加到 957.09 U·g^{-1},和对照组相比,大约增加了 1.7 倍。从干旱 21 d 到干旱 28 d,POD 的活性迅速降低到 244.49 U·g^{-1},和对照组相比,降低了 31.88%。在对照组,CAT 的活性为 76.89 nmol·min^{-1}·g^{-1},从对照组到干旱 21 d,CAT 的活性增加到 513.56 nmol·min^{-1}·g^{-1},和对照组相比,大约增加了 5.7 倍。从干旱 21 d 到干旱 28 d,CAT 的活性迅速降低到 40.34 U·g^{-1},和对照组相比,降低了 47.54%(见图 7.6)。

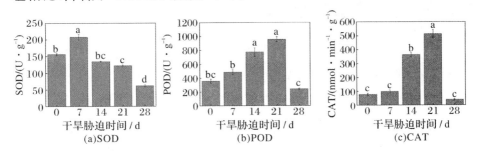

图 7.6 不同干旱胁迫条件下胡杨叶片中 SOD、POD 和 CAT 活性的变化

二、可溶性糖含量的变化

随着干旱胁迫持续时间的增加,叶片可溶性糖含量持续增加。

在对照处理组中,叶片可溶性糖含量为 19.7 mg·g^{-1}。从对照组到干旱 14 d,可溶性糖含量基本维持稳定。从干旱 14 d 到干旱 28 d,可溶性糖含量显著增加,到干旱 28 d 时,可溶性糖含量为 49.3 mg·g^{-1},相比对照组增加了 1.5 倍(见图 7.7)。这一变化趋势和胡杨在重度盐胁迫(即 NaCl 浓度为 400 mmol/L)时可溶性糖含量的变化趋势一致。

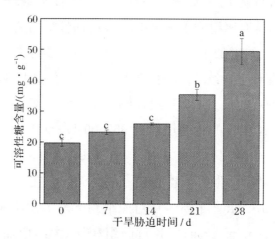

图 7.7　不同干旱胁迫条件下胡杨叶片中可溶性糖含量的变化

三、丙二醛含量的变化

随着干旱胁迫持续时间的增加,胡杨叶片中 MDA 含量持续增加。在对照处理组中,叶片 MDA 含量为 33.51 nmol·g^{-1}。从对照组到干旱 7 d,MDA 含量基本不变。从干旱 7 d 到干旱 21 d,MDA 含量缓慢增加,MDA 含量在干旱 21 d 时为 51.13 nmol·g^{-1},比对照组增加了 52.58%。从干旱 21 d 到干旱 28 d,MDA 含量增加了 35.32%,显著增加到 69.19 nmol·g^{-1},使得在干旱 28 d 的 MDA 含量大约是对照组的 2 倍(见图 7.8)。可见,干旱胁迫对胡杨叶片 MDA 含量有显著的影响,且随着干旱胁迫程度的加剧,MDA 含量持续增加,膜脂过氧化作用产生大量有害代谢产物,对细胞膜的损害程度加剧。

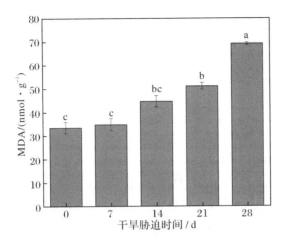

图 7.8　不同干旱胁迫条件下胡杨叶片中 MDA 含量的变化

第四节　讨　论

一、胡杨抗氧化酶系统的适应性调节

植物在遭受盐胁迫和干旱胁迫时,体内会不断产生活性氧物质并进行积累,从而导致细胞发生氧化损伤和代谢紊乱。为了抵抗盐胁迫和干旱等逆境带来的伤害,植物需要进行抗氧化酶系统的适应性调节来消除环境不利影响,增加对环境的适应性。抗氧化酶系统中最主要的保护酶是 SOD、POD 和 CAT,它们能够在不利的生存环境中清除植物体内过量的活性氧(杨升,2010)。SOD 能够首先阻止细胞发生氧化损伤,在众多保护酶中占据首要位置,它是抵御活性氧伤害的"第一道防线"(任红旭 等,2001)。SOD 主要作为超氧自由基(O_2^-)的清除剂,可将 O_2^- 歧化为 H_2O_2 与 O_2,H_2O_2 则被 CAT 和 POD 进一步分解和消除(He et al.,2005)。保护酶起到清除产生的活性氧,维持植物体内动态平衡的作用,保护细胞免受伤害。以往研究表明,当植物受到盐胁迫和干旱胁迫时,其体内 SOD、POD 和 CAT

等保护酶的活性会增加，从而能够清除过量的活性氧，控制细胞内脂质氧化过程和抵御活性氧的伤害，维持植物体内动态平衡（王有年等，2001）。当超过一定的胁迫程度时，保护酶活性会下降，此时抗氧化防御功能和保护能力减弱，当其活性进一步下降时，该种保护酶在抗氧化防御方面几乎不再起保护作用。

胡杨在应对盐胁迫的过程中，SOD 的活性缓慢增强，当盐胁迫增强到一定程度时，SOD 的活性逐渐下降，最终接近无胁迫环境的水平。胡杨在应对干旱胁迫的过程中，SOD 的活性迅速增强，其增强的活性维持时间相对较短；随着干旱胁迫程度的增加，SOD 的活性迅速下降，最终显著低于无胁迫环境的水平。可见，胡杨面对盐胁迫相比干旱胁迫，其体内 SOD 活性增强持续时间长；而胡杨面对干旱胁迫，相比盐胁迫，其体内 SOD 活性增强更为迅速，但持续时间短，后期其提供抗氧化防御的功能相对减弱，此时其他保护酶如 POD 和 CAT 承担主要的抗氧化防御功能。胡杨在应对盐胁迫和干旱胁迫的过程中，POD 和 CAT 活性的变化趋势基本相同，前期都是随着胁迫程度的增加活性增强，再随着胁迫的进一步加剧，其活性下降。由研究我们发现，当胡杨受到盐胁迫和干旱胁迫时，胁迫前期其体内 SOD、POD 和 CAT 的活性会不断增加，SOD、POD 和 CAT 作为保护酶能够清除过量的活性氧，维持胡杨体内动态平衡，增强胡杨对逆境的抗性（Fu et al.，2012）。不同之处在于，胡杨在应对盐胁迫程度比较严重时，SOD、POD 和 CAT 的活性接近无胁迫环境的水平；胡杨在应对干旱胁迫程度比较严重时，SOD、POD 和 CAT 的活性显著低于无胁迫环境的水平。可见，胡杨在应对盐胁迫环境下，能够较长时间保持 SOD、POD 和 CAT 的活性，维持自身的抗氧化防御功能和保护作用。但是，胡杨在应对干旱胁迫的环境下，重度干旱会导致其体内 SOD、POD 和 CAT 活性明显减弱，这些保护酶在抗氧化防御方面功能弱化明显甚至几乎不再起保护作用，致使保护酶发挥其抗氧化防御功能的持续时间缩短,可见,保护酶在逆境中并不能对植物细胞进行持续性的保护。综上所述,为了适应盐胁迫和干旱胁迫,胡杨将多种保护酶进行综合调节以形成整个抗氧化酶系统的防御功能,维持体内动态平衡应对不利环境和实现保护作用,但是,不同的保护酶应对干旱胁迫和盐胁迫的反应速度和持续时间存在差异,这是胡杨启动抗氧化酶系统应对极端环境并维持生存的适应策略。

二、胡杨渗透调节系统的适应性调节

遭受逆境胁迫时,植物能够通过渗透调节系统来维持细胞内的渗透势,缓解胁迫环境对植物造成的影响和伤害。有机溶质是渗透调节系统中的主要物质,参与植物体内渗透调节过程(王有年 等,2001)。盐胁迫和干旱胁迫分别会导致土壤渗透压增高和土壤水分亏缺加剧,影响土壤水势和引发植物失水。在逆境胁迫下,植物为保证从土壤中继续吸收水分,必须使自身维持较高的渗透调节能力,降低自身水势,才能形成一个正常的水势梯度以实现持续吸水(Zeng et al.,2009)。植物通过增加有机溶质的含量参与渗透调节,应对外界压力从而保护细胞,使其继续从低水势条件下有效吸水(Aishan et al.,2015)。可溶性糖是细胞质内重要的有机溶质,能够作为渗透保护剂,发挥稳定蛋白质的作用,成为植物遭受胁迫时一种重要的渗透调节物质(田晓艳 等,2009)。可溶性糖的积累能够降低叶片的渗透势,从而有助于细胞在水分胁迫下保持膨压状态。

胡杨在应对盐胁迫和干旱胁迫的过程中,可溶性糖的含量变化趋势基本相同,都是随着胁迫程度的增加进行持续性积累。胡杨在应对盐胁迫和干旱胁迫的过程中,其体内可溶性糖的含量不断增加,这样体内通过可溶性糖的积累,能够提高细胞渗透压和细胞膨压,从而维持渗透调节平衡,增强胡杨对逆境的抗性。不同之处在于:胡杨在应对盐胁迫的过程中,环境盐分浓度越大,随着胁迫时间的增加,前期胡杨可溶性糖积累速度越慢；当盐浓度达到一定程度时，随着胁迫时间的增加，前期胡杨可溶性糖含量基本维持稳定。相反，胡杨所处盐环境的浓度越低，其可溶性糖等渗透调节物质能够进行更快的反应调节和更长时间地维持渗透调节。胡杨在应对干旱胁迫的过程中，随着胁迫时间的增加，前期胡杨可溶性糖也基本维持稳定，后期迅速积累。因此，胡杨在盐浓度较高和干旱胁迫的条件下，前期主要依靠保护酶的积累和抗氧化酶系统的抗氧化防御功能发挥保护作用，可溶性糖的含量基本不变，随着抗氧化酶系统保护作用不断减弱，可溶性糖含量持续性增加，增强渗透调节系统的保护作用。在面对长期极端环境时，抗氧化酶系统能够提供有效的前期保护，由于其保护作用缺乏长效性，后期主要依靠增强渗透调节系统的功能实现长期保护效果(Harborne,2010)。综上所述，为了适应盐胁迫和干旱胁迫，胡杨通过持续性积累可溶性糖等有机物质维持渗透平衡，以形成渗透调节系统的长效防护功能，维持渗透势应对不利环境和实现保护作用，但是渗透调节物质积累应对不同程度的盐胁迫和干旱胁迫的反应速度和持续时间存在差异，这是胡杨启动渗透调节系统应对极端环境并维持生存的适应策略。

三、胡杨细胞膜系统的适应性调节

植物面对长期逆境胁迫时，除了渗透调节系统提供长效防护功能外，长期的保护还得依赖膜结构的功能来实现(Harborne,2010)。细胞只有在膜系统正常运转的情况下，才能维持各个系统的平衡和功能的发挥，无论是抗氧化酶系统还是渗透调节系统，其发挥保护作用和渗透调节作用都需要通过细胞膜来进行物质和能量的交换，维持细胞膜系统的稳定性对植物在逆境中生存至关重要(冯燕 等，2011)。MDA是膜脂过氧化的产物，使细胞膜本身受损，同时MDA自身会与蛋白质和核酸发生反应，从而破坏膜结构，因此，MDA能够综合反映细胞膜功能受损情况(Han et al.,2017)。在盐胁迫下,细胞内大量离子、有机物质的外渗,以及有毒盐离子的进入,造成细胞内生理生化过程受到干扰,植物细胞质膜受到损伤,细胞膜系统是植物遭受盐胁迫的主要部位。同样,干旱胁迫会导致细胞原生质脱水,体内形成大量的自由基,使膜脂过氧化水平增高和膜脂成分改变,膜系统受到破坏。干旱对细胞的影响表现在细胞膜受到伤害上(王文成等,2011;栗燕 等,2011)。

胡杨在应对盐胁迫的过程中,随着胁迫时间的增加,胁迫初期MDA含量缓慢降低,然后MDA含量再缓慢增加,最终基本达到无胁迫环境的水平。这是因为当胡杨受到盐分胁迫时,SOD、POD和CAT等保护酶活性的增加强化了其抗氧化酶系统的防御功能,从而可以减少膜中多不饱和脂肪酸过氧化作用的发生,能够抑制MDA的产生。同时,可溶性糖等有机物质的积累增强了渗透调节系统的功能,从而可以维持渗透平衡,防止细胞内离子的外渗和外界有毒盐离子的进入,减少其细胞质膜受损。可见,强化抗氧化酶系统和渗透调节系统的综合作用一定程度上能够减少MDA的产生并促使细胞膜系统维持其生理功能。因此,当胡杨受到盐胁迫时,前期抗氧化酶系统和渗透调节系统的增强使MDA含量降低;随着盐胁迫增加,MDA含量缓慢增加,后期基本达到无胁迫环境的水平。可见,胡杨面对盐胁迫时,其体内细胞膜能够相对维持长时间的稳定性。胡杨在面临盐胁迫时,MDA含量基本维持在较低的水平,说明低MDA水平可能对耐盐性有显著影响,这与之前研究结果一致(Sergio et al.,2012)。胡杨在应对干旱胁迫的过程中,胁迫初期MDA含量基本维持稳定,然后随着胁迫程度的增加,MDA含量逐渐增加。胡杨面对轻度干旱胁迫时,其体内细胞膜也能够基本维持稳定,而干旱胁迫程度进一步增加时,其体内细胞膜受损严重,细胞膜系统无法进行有效调节。干旱胁迫对于胡杨细胞膜系统的损伤远远大于盐胁迫的影响,这很可能是因为 MDA 含量不断增加会降低细胞膜的收缩性,使导管壁果胶变得松弛和膨胀,阻碍了植物水分传输过程,进一步加剧了干旱缺水环境的不利影响。综上所述,胡杨能够在盐胁迫和轻度干旱胁迫下通过细胞膜系统的适应性调节维持细胞膜结构功能的完整性,实现细胞膜系统的保护作用,这是胡杨启动细胞膜系统应对极端环境并维持生存的适应策略。

第五节 总 结

本研究采用盆栽试验,以两年生胡杨幼苗为试材,进行了控制试验,研究胡杨在不同盐胁迫和不同干旱胁迫下的生理响应过程及其响应差异。本章得出的主要结论如下:

(1)随着盐胁迫和干旱程度的增加,保护酶 SOD、POD 和 CAT 活性均呈现先增加后减小的趋势,且不同保护酶的活性应对干旱胁迫和盐胁迫的反应速度和持续时间不同,胡杨通过将多种保护酶进行综合调节以形成整个抗氧化酶系统的防御功能。

(2)随着盐胁迫和干旱程度的增加,可溶性糖含量持续增加,同时可溶性糖的积累对于不同程度的盐胁迫和干旱胁迫的反应速度和持续时间不同,胡杨通过持续性积累有机物质维持渗透平衡,以形成渗透调节系统的长效防护功能。

(3)随着盐胁迫程度的增加,MDA 含量先减少后缓慢增加,基本维持在较低的水平,而随着干旱胁迫程度的增加,MDA 含量持续增加。胡杨能够在盐胁迫和轻度干旱胁迫下通过细胞膜系统的适应性调节维持细胞膜结构功能的完整性,以实现细胞膜系统的保护作用。

基于以上主要结论,我们发现:在胁迫初期,胡杨通过提高保护酶的活性来应对外界环境的压力,这是植物自我防御的一种常见机制。保护酶如 SOD、POD 和 CAT 等,能够清除因胁迫产生的活性氧自由基,减轻其对细胞的伤害。当胁迫程度超过胡杨的耐受范围时,保护酶的活性开始下降，这可能是由于酶系统的破坏或资源分配的调整。干旱胁迫和盐胁迫对保护酶活性的影响存在时间上的差异，这可能反映了胡杨对两种胁迫的不同适应性策略。可溶性糖是植物应对渗透胁迫的重要物质之一。在盐胁迫和干旱胁迫下，胡杨通过积累可溶性糖来降低细胞内的渗透势，从而维持细胞的正常水分状态。虽然两种胁迫下可溶性糖都持续增加，但反应速度不同，这可能与胁迫的性质和胡杨的生理响应机制有关。MDA 是细胞膜脂过氧化的产物，其含量的增加通常表示细胞膜受到了损伤。初期 MDA 含量的减少可能反映了胡杨在盐胁迫下对细胞膜系统的适应性调节，但随着胁迫程度的增加，细胞膜系统开始受到损伤，MDA 含量逐渐上升。干旱胁迫导致 MDA 含量持续增加，说明干旱对胡杨细胞膜系统的损伤更为严重，且损伤程度随胁迫程度的增加而加剧。综上所述，在盐胁迫和干旱胁迫下，胡杨通过对抗氧化酶系统、渗透调节系统和细胞膜系统进行适应性的调整，从而增强其耐盐性和抗旱性。胡杨在盐胁迫和干旱胁迫下展现了不同的生理响应机制。通过调节保护酶的活性和积累可溶性糖等有机物质，胡杨能够在一定程度上应对这两种胁迫。然而，由于胁迫的性质和程度的差异，胡杨的响应策略也有所不同。这些发现对于理解胡杨的抗逆机制以及提高其在逆境下的生存能力具有重要意义。这将为黑河下游胡杨幼苗的培育和恢复提供科学的理论依据，同时也为整个黑河流域退化生态系统的恢复及重建提供了有益的参考。

第八章 干旱胁迫下胡杨和柽柳内部水分关系的差异性

已有学者的研究主要集中在胡杨和柽柳的地下水与其水分传输能力的关系,或是木质部解剖结构与水分传输能力的联系上(Pan et al.,2016;Zhou et al.,2013)。然而,对于这两种植物在生长季内导水率和内部水分关系的季节变化研究却相对匮乏。此外,关于这两种植被木质部汁液的离子浓度以及水力特性的离子敏感性研究也同样不够充分。为了深入探究胡杨和柽柳在生长季内部水分关系的变化情况,我们专门选取活枝进行了一系列细致的测量和分析。首先,我们测量了气孔导度这一关键参数,它直接反映了植物叶片与环境之间气体交换的能力,对于理解植物的水分利用和蒸腾作用至关重要。其次,我们还关注了植株的水分状况,通过测量叶片和枝条的水分含量,能够直观地了解植物在不同季节的水分状态。除了这些基本的生理指标,我们还进一步研究了植物的水力特性。通过测量木质部的导水率,我们可以了解植物在生长季内水分传输的效率和能力。再次,我们还对木质部汁液的离子浓度进行了详细的测定,因为离子浓度是影响植物水力特性的重要因素之一。通过比较不同季节木质部汁液离子浓度的变化,我们可以揭示离子浓度与水力特性之间的关系,从而深入理解植物在干旱环境中的适应机制。通过比较不同季节的数据,我们可以揭示这些参数在生长季内的变化规律,并探讨其背后的生理学机制。最后,为了更加全面地了解这两种植物在生长季内的生理变化,我们还模拟了植物脱水的过程,观察并记录了它们在脱水状态下的生理响应。这一实验不仅可以帮助我们了解植物在极端干旱条件下的生存策略,还可以为我们提供有关植物耐旱性的重要信息。这些研究结果不仅有助于我们理解植物水分关系的季节性趋势,还可以为植物生态学、林学以及干旱地区植被恢复等领域提供重要的理论依据和实践指导。

已有学者的研究分别比较了胡杨和柽柳地下水与其水分传输能力的关系,或木质部解剖结构与水分传输能力的关系,而对于导水率和内部水分关系的季节变化研究较少,同时对两种植被木质部汁液的离子浓度和水力特性的离子敏感性研究也比较少。为研究胡杨和柽柳枝条在生长季的内部水分关系变化,我们在活枝上测量了气孔导度、植株水分状况、水力特性和木质部汁液离子浓度等参数,并模拟了植物脱水。研究野外苗木的气孔导度、植株水分状况、水力特性和木质部汁液离子浓度的季节变化趋势,能够为植物水分关系季节性趋势的机理解释提供生理学信息。胡杨与柽柳作为生境的关键物种,对于其在生长季节植物水分关系变化方面的差异性研究,对于枝条枯死方面的研究具有重要意义。本章研究的目的是试图回答以下问题:①这两种植物的气孔导度如何变化及其原因?②这两种植物的水力特性如何变化及其原因?③这两种植物的离子敏感性如何变化及其原因?

第一节　试验设计与方法

一、试验材料

以胡杨和柽柳树苗为研究对象,考察其水力学特性。这2个品种的树苗在移栽到田间之前,在苗圃中种植了大约一年半时间。于4月中旬,将平均高度为30 cm的树苗移栽到研究区域。2个品种的树苗在自然环境下在同一地点生长。我们从每个物种中挑选了60棵健康、笔直、没有压力、生长良好的树苗。树苗平均高度为 74 cm,胸径为 0.7 cm。每次从每个品种的 3 棵树苗的主茎上获得 1 个或 2 个分枝(直径 2~3 mm,长度约 80 mm)进行测量。

二、水力参数的测定

本研究采用水灌注法和高压流量计(HPFM-GEN3,Dynamax Inc., Houston,USA)测定幼苗各部位的导水率(k,kg·s^{-1}·MPa^{-1})。HPFM 是一种将植物与压力耦合器相接,受压力驱动将蒸馏水注入根系或茎部的仪器,同时测量相应的流量。然后,从施加的压力和流量之间的关系中得到导水率。采用 HPFM 测定导水率的优点在于能够进行原位测定。以往在测定根系导水率时,需要截取根系茎段,在样本获取时根系往往会受到破坏。原位测定能够避免将根系破坏,同步减少了由于根系被破坏产生的测量误差,同时也能够减少不必要的工序。也就是说,在测定时根系能够保持完整的结构和原有的水分输送能力。测量时,施加压力的方向与根系内液流方向相反。根系导水率的测量是使用 HPFM 在"瞬态模式"下进行的,压力从 0 迅速增加到 500 kPa;然后根据线性回归的斜率计算,通过操作系统在参考温度为 25 ℃时对数据进行校正,以补偿由于测量温度的不同而引起的水黏度变化,进而得到根系导水率的测量值。冠层导水率的测量是通过 HPFM 在"稳态模式"下进行的,我们测量时设定的压力为 350 kPa,直到进入木质部的水流速度稳定后,从而得到冠层导水率的值。每次导水率测量过程的持续时间大约为 10 min。

在 6—9 月选择典型晴天,分别于 06:00、10:00、14:00、18:00、24:00 时测定枝条导水率值,每组进行 3 次重复。从每棵幼苗冠部取 1 根或 2 根枝条进行枝条导水率的测量。将取下的枝条用湿毛巾包住放在黑色塑料袋里,立即带回到试验室。为了防止空气进入木质部,枝条的根系在水下被重新切断,并将枝条的末端连接到仪器上进行测定,得到枝条导水率(k_b)。然后,去除叶片后获得新的导水率值。叶片的导水率是从叶柄和叶片交界处到蒸发点的总蒸腾流量路径的一个积分测度。叶片的导水率(k_l)是基于欧姆定律水力模拟计算得到的,其计算公式如下:

$$k_l = (k_b^{-1} - k_x^{-1})^{-1} \tag{8.1}$$

其中,k_b为整个枝条的导水率;k_x为裸枝的导水率。

水力阻力是导水率的倒数。水力分割后以水力阻力占比(%)表示植物各部分在水分输送过程中的阻力相对于植株整体的大小,能够反映各部分的水力贡献,其计算方法是各部分的水力阻力占全株总阻力的百分比。

将测量的导水率通过总叶面积进行调整,得到比导率($kg \cdot s^{-1} \cdot MPa^{-1} \cdot m^{-2}$),表示各部位对单位面积叶片的供水能力的大小。另外,总叶面积的计算方法见后文。

三、树木生长参数的测定

在测量导水率之前,我们先用钢卷尺测量了60棵树的株高。测量得到冠层和根系导水率后,用游标卡尺在两个轴向方向测量树基部的直径,考虑到幼苗芯材部分极小,因此将计算的茎横截面的面积认为是茎木质部横截面积。总叶面积通过比叶重(叶面积/生物量)来估计。首先从60棵树苗中各取10片叶子。这些树叶被粘在网格纸上画出轮廓。然后我们计算了树叶覆盖超过50%网格面积的网格数量,用网格数乘以单个网格的面积来计算10片树叶的叶面积。接着在80℃烘箱中干燥叶片,之后在电子天平上称重,得到这10片树叶的重量,以获得每棵树的生物量,进而计算出比叶重。我们假定同一棵树具有相同的比叶重,通过烘干所有叶片得到的干重来确定总叶面积。胡伯尔值(H_V)也是重要的水力参数,以木质部横截面积除以总叶面积计算得到。

四、气体交换参数的测定

用 Li-6400 便携式光合作用系统（Li-cor，Lincoln，Nebraska，USA）测量胡杨叶片的蒸腾速率（$mmol H_2O \cdot m^{-2} \cdot s^{-1}$）和气孔导度（$mol H_2O \cdot m^{-2} \cdot s^{-1}$），用标准叶室和针叶室于 06:00、10:00、14:00、18:00、24:00 分别测定胡杨和柽柳叶片的气体交换参数，其测定与枝条导水率的测定在同一天进行。我们在胡杨的每根梢上使用 3 片完全伸展的绿叶，在柽柳的树梢上使用 3 簇针叶进行测定。

五、木质部水势的测定

用压力室（PMS Instruments，Corvallis，Oregon，USA）来测量枝条的正午木质部水势（Ψ_x，MPa）。早晨日出前，在树冠中部选取枝条，将其叶片用铝箔密封，并用塑料袋包裹，以防止蒸腾作用。在 13:00 至 14:00 之间，用锋利的刀片切下枝条，以测定木质部水势。将氮气注入压力室，当观察到第一滴木质部汁液流从木质部涌出时，结束测量。我们从不同的胡杨和柽柳幼苗中采集了 6 个样本，并对这些样本进行了重复测量。

土壤到叶片的水分转移过程中，叶水势（Ψ_l）是基于欧姆定律水力模拟计算得到的，计算公式如下：

$$\Psi_l = \Psi_x - E/k_{ll} \tag{8.2}$$

其中，k_{ll} 为叶片比导率；E 为叶片的蒸腾速率。

六、木质部汁液的电导率

为了测定木质部汁液中阳离子浓度的季节变化，中午从茎上采集汁液样本。将远端有叶的部分剪去，得到相同长度的小枝样品，将去皮的末端包裹起来，防止韧皮部渗出液污染木质部汁液。细枝在其近端连接到液压装置上,并以 9 kPa 的压力用蒸馏水灌注。然后在前 5 min 内从枝条的另一端收集枝条的木质部汁液。从不同的树木上取下每个物种的 6 根树枝,重复收集汁液进行测量。接着,将汁液样品保存在 4 ℃的冰箱中。将每个木质部汁液样品转移到 5 mL 管中,用超纯水带入体积进行测量。最后,电导率用数字显示电导率仪测定。

七、脱水处理后参数的测定

为了模拟极端干燥的环境,中午分别从胡杨和柽柳各 10 棵树上采集一些小枝进行脱水处理。将这些枝条用湿毛巾包起来,装在黑色塑料袋里,运到试验室。然后将这些枝条水平地暴露在试验台上进行脱水处理,脱水时间大约为 0 h、0.5 h、1 h、2 h、4 h 和 6 h,以形成一系列下降的水势。我们在每个脱水处理时间使用 3~6 个分支,同时测定其导水率和木质部水势值。然后去除叶片得到裸枝导水率,并根据前面叶片导水率的计算公式,得到叶片导水率。比导率的计算方法和前面相同。同时,我们测量了光强为 1200 $\mu mol \cdot m^{-2} \cdot s^{-1}$(采用 6400-02B 红蓝 LED 光源提供),CO_2 浓度为 400 $\mu mol \cdot mol^{-1}$(采用 6400-01CO_2 混合器提供)的环境下叶片的蒸腾速率($mmolH_2O \cdot m^{-2} \cdot s^{-1}$),从而计算得到叶水势值。

八、环境因子测量

每天在 4 个不同土层深度(10 cm、30 cm、50 cm 和 80 cm)使用时域反射仪(LP TDR probes,Institute of Geophysics,Polish Academy of Sciences,Lublin,Poland)测量土壤水分(%),并使用 CR1000 数据记录仪(Campbell Scientific,North Logan,UT,USA)每 30 min 记录 1 次。

在胡杨和柽柳样方内安装自动气象站(AMS),用于环境因子的连续观测。所有观测项目的传感器用电缆同数据采集器相连,我们使用 Zeno-3200-A-D 数据记录器每 60 min 记录相对湿度(R_H,%)和空气温度(T_a,℃)。之后,我们使用测量的 T_a 和 R_H 来确定饱和水汽压差(P_{VPD},kPa),计算方程式如下:

$$P_{VPD} = \left(1 - \frac{R_H}{100}\right) \times 0.6108 \times \exp\left(\frac{17.27 \times T_a}{T_a + 237.3}\right) \quad (8.3)$$

九、数据分析

本研究采用 SPSS 19.0、Excel 2007 和 Origin 8.0 软件进行数据处理和统计分析。采用最小显著性差异检验(LSD)和事后均值分析方法,对不同生长季节各树种间水分关系的差异进行方差分析,对气孔导度与饱和水汽压差之间的关系进行回归分析,对脱水处理木质部水势和叶片水力特性进行回归分析。饱和水汽压差数据采用时间序列分析。数据以标准误差的平均值表示。采用 SPSS 19.0 软件进行统计学分析。使用 Origin 8.0 软件绘制图表。

第二节 胡杨和柽柳内部水分关系的生长季变化

一、叶片气孔导度的变化

6—9月,胡杨和柽柳的气孔导度(g_s)日变率在上午先增大,下午减小。从总体上看,从 6 月到 9 月,2 种植物的 g_s 值呈下降趋势。从气孔导度的日变异性来看,胡杨的气孔导度值在 6:00~10:00 呈上升趋势,在 10:00 和 14:00 h,胡杨的气孔导度值没有差异。在 6:00~24:00,柽柳的气孔导度值先升高,后降低;6 月和 7 月的 10:00 和 14:00 时,柽柳的气孔导度值几乎没有差异(见图 8.1)。

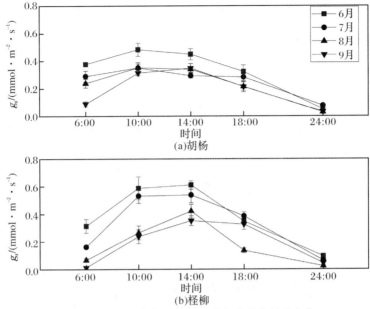

图 8.1　6—9 月胡杨和柽柳叶片气孔导度的日变化

2 种植物的气孔导度(g_s)与饱和水汽压差(P_{VPD})呈极显著相关($p<0.01$),胡杨和柽柳的相关系数分别为 0.317 和 0.338(见图 8.2)。2 种植物叶片比导率(k_{lt})与气孔导度、气孔导度与土壤湿度均不相关($p>0.05$)。6 月和 7 月 10~80 cm 土壤平均含水量较其他 2 个月低,8 月显著增加,9 月下降到 23%(见图 8.3),其原因是 8 月初黑河上游放水。

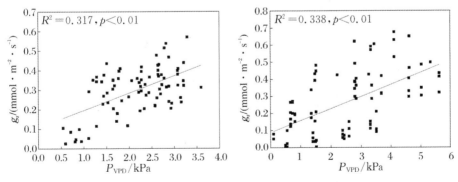

图 8.2　胡杨和柽柳气孔导度(g_s)和饱和水汽压差(P_{VPD})的回归关系

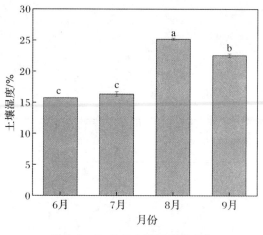

图 8.3 6—9 月土壤湿度的变化

二、枝条水势和比导率的变化

6—9 月不同时段的比导率差异无统计学意义($p>0.05$),即两种植被的比导率不存在日变异性。胡杨枝条正午水势(Ψ_x)在 7 月、8 月低于 6 月、9 月,叶片水势(Ψ_l)在这几个月之间没有显著差异(见图 8.4)。胡杨枝条的比导率值在 7 月、8 月高于 6 月、9 月,叶片的比导率值在这几个月之间没有显著差异(见图 8.5)。胡杨叶片的比导率

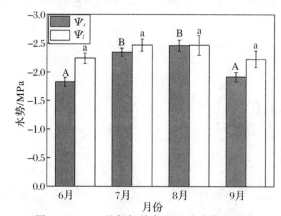

图 8.4 6—9 月胡杨枝条和叶片水势的变化

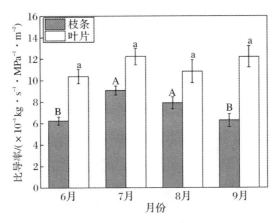

图 8.5　6—9 月胡杨枝条和叶片比导率的变化

变化趋势与叶片水势变化趋势一致,胡杨枝条的比导率与枝条水势的变化呈相反趋势,随着枝条水势的减小而增大。柽柳枝条水势与叶片水势的生长季变化差异不显著(见图 8.6),枝条和叶片的比导率值生长季变化差异不显著(见图 8.7)。此外,柽柳的枝条水势和叶片水势均低于胡杨。

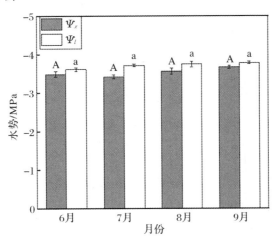

图 8.6　6—9 月柽柳枝条和叶片水势的变化

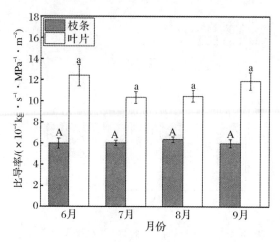

图 8.7 6—9 月柽柳枝条和叶片比导率的变化

脱水处理后胡杨和柽柳叶片比导率与枝条水势(Ψ_x)呈负相关($p<0.05$),如图 8.8 和图 8.9 所示,其相关系数分别为 0.208 和 0.422。两种植物的叶片水势都随着树枝水势的降低而迅速下降(见图 8.10)。当枝条水势降低时,两种植被叶片比导率增加,这是由于枝条水势下降导致叶片水势降低引起了水力失衡。

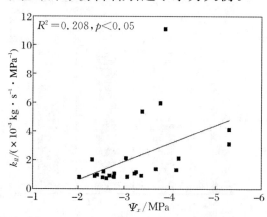

图 8.8 脱水处理后胡杨枝条水势和叶片比导率的回归分析

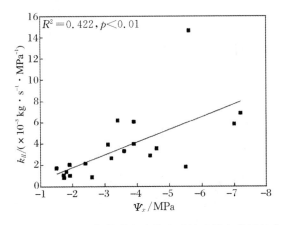

图 8.9　脱水处理后柽柳枝条水势和叶片比导率的回归分析

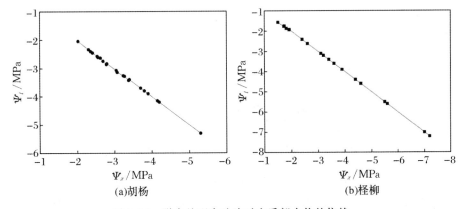

图 8.10　脱水处理中叶片对木质部水势的依赖

三、木质部汁液电导率的变化

6—7月柽柳的木质部汁液电导率均略有提高,8—9月其木质部汁液电导率下降。胡杨木质部汁液电导率6—8月无显著差异,9月其木质部汁液电导率下降。此外,柽柳的木质部汁液电导率值至少是胡杨的4倍(见图8.11)。

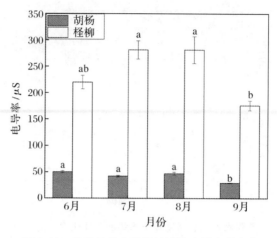

图 8.11 生长季节木质部汁液的电导率的变化

第三节 讨 论

一、叶片气孔导度的调节

水汽压亏缺是气孔调节的驱动力,胡杨和柽柳的气孔导度对水汽压亏缺的敏感性表现出月变化特征,气孔导度与水汽压亏缺参数值密切相关。叶片水势在整个生长季节保持恒定,这是气孔导度响应水汽压亏缺调节的结果(Oren et al.,2010)。由于生长季节高水汽压亏缺引起了高蒸腾需求,故供水对气孔导度的严格调节是十分必要的。综合分析显示,气孔导度呈现下降趋势。同时,气孔导度的相应变化也会降低蒸腾需求旺盛时期木质部空化的风险(Mcdowell et al.,2010)。以往的研究表明,当植物生长环境由湿变干时,或者当植物在干旱后再水化时,气孔导度就会减少(Chen et al.,2011;Wang et al.,2017)。这可能是因为之前的研究是基于相同的环境,排除了土壤水分条件的急剧变化。研究区土壤湿度主要受黑河上游人工放水的影响,生长季土壤湿度与气孔导度的直接关系不大。这可能是由于生长季节土壤水分高于植物发育的最低需要量。同时,在不同的生长季节环境下,土壤水分对气孔导度的影响是复杂的。气孔导度越低,气孔导度对水势的感知能力越弱,这是土壤水分和其他土壤性质(如温度、盐度)多因素作用的结果。在较低水汽压亏缺条件下,土壤湿度有一定变化时,气孔导度受影响较小。一般来说,在相同的环境下,植物发育过程中土壤湿度的显著变化会影响植物在"土壤-植物-空气"连续体中的水力完整性。

既往研究表明,导水率是重要的蒸腾调节因子,这可能是通过放大气孔关闭的水力信号来实现的(Brodribb et al.,2004)。一些作者认为气孔导度与叶片水力特性有关,这可能是因为某些物种的叶片水力特性表现出日变化,并且与气体交换密切相关,气体交换限制了水分向大气的流失(Brodribb et al.,2009;Zhang et al.,2013)。本研究中两种植物叶片的比导率没有表现出日变化,说明导水率的光依赖性可能不是普遍现象,尽管其在某些物种中是必不可少的(Li et al.,2019)。两种植物的日气孔导度值与水力特性无关,表明气孔导度不会影响导水率,也进一步表明非常紧密的气孔关闭可能会对水力特性产生影响(Tyree et al.,2002)。此外,叶片内部对水流的高阻力以及叶片的储水能力可能会限制气孔感知木质部导水率变化的能力。以往的研究表明,在某些物种中,叶片导水率与气孔导度之间的关系不大。比如,在多枝菊中出现近50%的水力导度损失时,却对气孔导度的影响非常小。

二、比导率的调节

柽柳枝条木质部水势约为-3.5 MPa,荒漠灌木茎水势范围为$-6\sim-3$ MPa,该值远低于胡杨的枝条木质部水势(Sperry et al.,2002)。与气孔调节显著相关的低水势与叶片的比导率可能有助于柽柳在高蒸腾需求下保持水分吸收和生长,并使柽柳具有克服长木质部通路施加的水力约束的能力(Bruelheide et al.,2004)。在我们的研究中,两种植物的叶片比导率和水势在整个生长季节都保持稳定,并允许正常的蒸腾作用。叶片水力特性对叶片水势的依赖可能是由于叶片水势和细胞膨胀之间的细尺度反馈回路,即使在高蒸发需求下,也能在恒定的水力导度下保持叶片水势的稳态(Gries et al.,2003)。这一关系说明叶片水分状况与水分运输效率之间存在重要联系。

树枝比导率的变化与树枝水势的变化相似。在生长季节,水势稳定的柽柳叶片的水力导度差异不显著。叶片的低水势有助于柽柳在生长季节保持树枝的稳定水势。相反,在树枝电位不稳定的情况下,阔叶树枝的叶片特异性水力导度发生了变化。这种关系说明了树枝和叶片中水分状况和水分运输效率之间的重要联系。在木质部水势较低的条件下,由于水分需求的变化引起的叶状树枝水力导度的变化,会伴随着蒸腾的快速调节,努力维持叶片水势,以保证水分运输的完整性,避免木质部栓塞(Pivovaroff et al.,2016;Zhu et al.,2009)。脱水处理导致叶片水势降低,树枝水势下降,导致叶片比导率增加。这表明液压系统受木质部水势的一个临界阈值控制,在叶片水分状态波动较大的环境下,可能导致木质部栓塞的膨胀损失(Franks et al.,2007)。荒漠植物在分支水势低于临界阈值时,不能维持叶片相对恒定的比导率,维持叶片面积稳定的供水量。

三、离子敏感性的调节

木质部汁液的电导率反映了离子浓度。柽柳对低叶片水势的耐受性可能是由于其渗透活性物质的浓度普遍高于胡杨。木质部汁液中离子浓度的变化表明其随环境变化而变化。研究表明,木质部的水力导度随木质部汁液离子浓度的增加而增加,随木质部汁液离子浓度的降低而降低(Leperen et al.,2000)。水力电导的可变性与位于木质部导管壁的坑膜中果胶的特性是一致的,它们可以通过膨胀和收缩来调节电导(Lopez et al.,2005)。前人的研究表明,木质部汁液中离子浓度越高,果胶在果核膜中的收缩越大,管壁孔隙度的增加也越大(Aasamaa et al.,2010)。植物体内离子浓度在植物生长旺季高于生长后期。由于该地区蒸腾作用强烈,故生长季干旱通常发生在高峰期。已有研究表明,杨树离子浓度的季节性最大值出现在夏末(Bahrun et al.,2002;Siebrecht et al.,2003)。

研究结果表明,胡杨和柽柳两种植物木质部汁液中离子浓度均有变化,分支水力导度也存在差异。研究发现,通过离子浓度增加对木质部水力导度的影响程度,可以评价木质部水力导度的离子敏感性。研究发现,在维管植物中,木质部水力导度的离子敏感性在不同物种之间存在差异(Boyce et al.,2004),当叶片水势降低时,离子敏感性的物种特异性值较高(Aasamaa et al.,2005)。柽柳叶片水势稳定反映了稳定的水环境。虽然柽柳体内离子浓度很高,但供水充足,无须通过高离子敏感性来增加水力导度。研究结果表明,在无水分亏缺的条件下,柽柳的分支水力导度保持不变。我们认为,两种植物木质部水力导度离子敏感性的差异可能是由供水稳定性的差异引起的。温带气候的水资源从春季开始逐渐减少,到夏季后半期达到最小值。

胡杨7月、8月供水量明显减少。随着木质部水分亏缺的进一步发展,木质部汁液中离子浓度的增加提高了木质部的水力导度,从而使木质部在生长季节干旱时能够正常生长。相关学者对常绿植物的研究也得出了类似的结论(Trifilo et al.,2008;Gascó et al.,2007)。较低的水势和木质部水力导度的离子敏感性都导致了水力导度的增加。研究结果表明,相对水分亏缺条件下胡杨的分支水力导度增大。脱水处理表明,叶片水势的动态平衡依赖于植物体内的水力平衡。当生长季节发生严重干旱时,植物通过调节木质部水力导度来提高其水力导度。木质部水力导度调节失败,会导致水力失衡。因此,木质部导水性的离子敏感性对树木适应极端干旱季节和提高木质部导水性具有重要意义。

第四节 总 结

我们对野外胡杨和柽柳苗木的生长特性进行了一次详尽的探究,特别是对其气孔导度、植株水分状况、水力特性以及木质部汁液离子浓度的季节变化趋势进行了深入研究。本章得出的主要结论如下:

(1)通过研究胡杨和柽柳的内部水分关系,揭示了植物内部水分关系在不同物种之间存在差异。胡杨和柽柳都通过调节气孔导度来响应水汽压亏缺,以达到生长季节叶片水势的动态平衡。

(2)在胡杨和柽柳的枝条和叶片中,水分状况与水分运输效率之间存在着重要的联系。其枝条的比导率由枝条木质部的水分状态决定,叶片的比导率由叶片的水分状态决定。由于叶片水势的稳态,故两种植物叶片的比导率保持稳定。

(3)在没有干旱胁迫的情况下,木质部水力导度离子敏感性的提高是不必要的,干旱条件下木质部水力导度的离子敏感性增强。研究结果表明,由于枝条和叶片水分状态的平衡,柽柳很少发生由缺水引起的枝条枯死现象。在相对缺水条件下,胡杨木质部水力导度的离子敏感性导致了水力导度的增加。同时,胡杨维持水力平衡的能力相对较弱。在干旱适应方面,严重干旱可能导致胡杨比柽柳更快的枯死。我们认为,不同树种木质部水力导度离子敏感性的差异可能与干旱胁迫下水势值和供水稳定性的不同有关。

基于以上主要结论,我们发现:聚焦胡杨和柽柳这两种不同树种,它们在内部水分关系上存在着显著的差异。它们都拥有一种独特的机制,即通过调节气孔导度来应对水汽压亏缺,从而确保在生长季节中叶片水势能够维持在一个动态平衡的状态。植物的水分状态与其水分运输效率之间存在着密切的关系。在没有遭受干旱胁迫的情况下，我们发现提高木质部水力导度的离子敏感性并不是必要的。然而，在干旱条件下，木质部水力导度的离子敏感性会显著增强。这一变化揭示了植物在应对干旱胁迫时的一种适应性机制。通过对胡杨和柽柳的比较分析发现，胡杨在维持水力平衡方面的能力相对较弱，在干旱适应方面，胡杨可能会比柽柳更容易受到干旱胁迫的影响，导致更快的枯死。此外，我们认为不同树种在木质部水力导度离子敏感性方面的差异可能与它们在干旱胁迫下水势值和供水稳定性的不同有关。这一发现为我们理解植物在干旱环境中的生存策略提供了新的视角，也为未来在植物抗旱性改良方面的研究提供了有价值的参考。

第九章 结论与展望

第一节 主要结论

一、生长季胡杨水力特性

在本研究中,我们进行了一系列精细的测量,并模拟了胡杨在脱水过程中的生理响应。通过对胡杨全根、全冠以及分枝等关键部位水力特性的数据分析,深入探究胡杨在生长季(6—9月)的水力特性及其动态变化。这一部分研究得出的主要结论如下:

(1)在生长季(6—9月),胡杨各部位比导率日变化无统计学意义($p>0.05$)。除叶片比导率外,月份对各部位比导率影响极显著($p<0.01$)。在胡杨木质部水分输送中,冠层部分对水分传输的阻力作用占比为60%~82%,胡杨根系在木质部水分输送中产生较小的水力阻力,起主要的传输作用。胡杨整个枝条不同部位的水力阻力占比由大到小依次为叶片、枝、叶柄。叶片的水力阻力占比为50%~76%,明显高于其他部位。在叶片生长前期,一年生枝水力阻力占比约为28%,当年生枝水力阻力占比约为8%。在叶片生长末期,一年生枝水力阻力占比迅速下降到约12%,当年生枝水力阻力占比迅速升高到约24%,超过一年生枝条。可见,在不利生长条件下,胡杨当年生枝比一年生枝具有更强的水分传输阻力,当年生枝在木质部水分输送中属于劣势部位。

(2)胡杨根系导水率与冠层导水率显著相关($R^2=0.22, p<0.05$)。

根系导水率与生长特性各变量之间不存在显著相关关系($p>0.05$)。胡杨冠层导水率与总叶面积、株高、基径以及木质部横截面积呈极显著相关关系($p<0.01$)。随着胡杨总叶面积和叶片生物量的增加，植株高度的增加，植株径向生长和胸径的增加，其冠层导水率增加，水分输送效率增强。其中，总叶面积和叶片生物量对胡杨冠层的影响最大。叶比导率受叶片水势影响，枝条比导率受枝条水势影响，叶比导率和枝条比导率值随着对应部位水势降低而增加。在6—9月，叶片水势基本不变，叶片比导率相应地能够保持稳定，其值约为 $1.14(\pm 0.09) \times 10^{-3}$ kg·s^{-1}·MPa^{-1}·m^{-2}。

基于以上主要结论，我们发现：在一天之内，胡杨的水力传输效率保持相对稳定，不受时间变化的影响。随着生长季的进行，胡杨各部位的水力传输能力可能因环境因素（如温度、光照、水分等）的季节性变化而发生变化。在胡杨的木质部水分输送过程中，冠层在胡杨的水分传输系统中起到了关键的调节作用。相比之下，胡杨的根系在木质部水分输送中作为水分主要传输通道具有重要性，根系的高效水分传输能力确保了胡杨能够在干旱环境中稳定生长。叶片在胡杨的水分传输系统中，既是关键的水分消耗者，也是重要的水力阻力来源。胡杨根系和冠层在胡杨的水分传输系统中是相互关联的，它们之间的协调作用对于维持植物的正常生长至关重要。冠层导水率与胡杨的生长状态密切相关，随着植株的生长和发育，冠层导水率逐渐增加，水分输送效率也随之增强。其中，总叶面积和叶片生物量对冠层导水率的影响最为显著。根系导水率则更多地受到土壤水分、地下水位等环境因素的影响，而与植物本身的生长特性关系不大。我们的研究还发现，胡杨在生长季内具有相对稳定的水力传输能力。这一研究不仅有助于我们更深入地了解胡杨的生长和生存机制，也为其他干旱和半干旱地区植物的研究提供了有益的参考。

二、胡杨水力特性的干旱响应机制

为研究干旱条件下胡杨植株水力特性的变化机理和干旱响应机制,我们进行了控制试验,研究了不同水分胁迫下胡杨的水力特性,得出的主要结论如下:

(1)随着干旱胁迫持续时间的增加,胡杨根和茎的木质部导管水力直径均呈现先增加后减少的趋势,叶片木质部的导管水力直径没有显著差异($p>0.05$)。胡杨叶木质部导管壁厚度显著增加,导管壁的机械支撑能力和抗压能力显著增强,根和茎木质部导管壁厚度没有显著差异($p>0.05$)。根木质部导管壁纹孔直径对干旱胁迫较为敏感,受阳离子浓度增加引起的离子效应和MDA含量增加引起膜弹性变化的影响,胡杨根木质部导管壁纹孔平均直径呈现先增加后减少的趋势,茎木质部导管壁纹孔直径无显著差异($p>0.05$)。导管解剖结构的变化解释了胡杨根、茎、叶比导率值均呈现先增加后减少变化趋势的原因。

(2)木质部导管壁机械强度能够反映木质部安全性。随着干旱持续时间的延长,胡杨根、茎、叶的木质部导管壁机械强度均呈现先减小后增加的趋势。茎、叶的木质部导管壁机械强度比根木质部导管壁机械强度先降到最低临界点,根木质部导管壁机械强度的耐性较枝、叶强,能够在干旱胁迫的条件下较长时间维持导管支撑力和稳定性。胡杨根、茎、叶的木质部导管壁机械强度变化趋势和对应部位比导率值的变化趋势相反,在根、茎、叶的木质部导管壁机械强度达到最小值时,根、茎、叶比导率均达到最大值,此时胡杨保持较高的水分输送效率。水分传输效率和木质部安全性的先后考虑以及调整,反映了胡杨对于木质部水分传输效率和木质部安全性之间的权衡。

(3)胡杨输水效率与木质部安全性具有权衡关系且存在临界点。

当土壤含水量高于临界点的水分条件时,随着土壤含水量的降低,干旱胁迫程度的加剧,胡杨各部位比导率不断增加,即对单位面积叶片的供水能力不断增强。当干旱胁迫程度超过临界点的水分条件时,胡杨各部位比导率不断降低,即对单位面积叶片的供水能力不断减弱,直至丧失对叶片的供水功能。在严重干旱情况下,和根系相比,冠层死亡程度发生相对较快,且胡杨根系、冠层和叶片的输水效率与木质部安全性权衡临界点的水分条件不同。

基于以上主要结论,我们发现:在干旱初期,胡杨为了增加水分传输效率而扩大导管直径,但随着干旱程度的进一步加剧,导管直径减小以维持结构的稳定性和安全性。相比之下,叶片的导管直径对于干旱胁迫的响应不敏感。胡杨叶木质部导管壁厚度在干旱胁迫下显著增加,这增强了导管壁的机械支撑能力和抗压能力,有助于在干旱条件下维持导管的完整性和功能。根木质部导管壁纹孔直径对干旱胁迫的响应较为敏感。在干旱初期,胡杨为增加水分传输效率而牺牲部分机械强度,但随后为了维持结构的稳定性而增强机械强度。在干旱条件下,胡杨需要在水分传输效率和木质部安全性之间进行权衡。在严重干旱情况下,胡杨的冠层死亡程度相对于根系来说发生得更快。这可能与冠层在干旱条件下更容易失去水分和光合作用能力有关。此外,胡杨的根系、冠层和叶片在输水效率与木质部安全性权衡的临界点上可能存在差异,这反映了胡杨在干旱胁迫下对不同部位水分传输效率和结构稳定性的不同需求。该研究对于理解胡杨如何适应干旱环境、维持生命活动具有极其重要的意义。

三、干旱条件下胡杨整个水分输送过程的调整

在干旱环境中,胡杨通过一系列复杂的生理与形态调整,确保水分的高效输送、利用与保持,从而维持其正常生长与发育。本研究深入探讨了胡杨在干旱胁迫下木质部水分传输、水分利用及水分保持

过程的变化,揭示了其适应性机制。这一部分研究得出的主要结论如下:

(1)随着干旱胁迫持续时间的增加,根系相对于全株的水分传输阻力不断降低,从30%逐渐下降到4%。叶片相对于冠层的水分传输阻力不断降低,从48%下降到13%。随着干旱胁迫程度的持续加剧,胡杨在整个水分输送过程中,不断强化根系在整个植株的水分输送中的主导作用,不断削弱叶片在整个植株的水分输送中的阻碍作用,维持甚至增强木质部的水分输送能力,形成了对水分的持续吸收和传输。

(2)随着干旱胁迫程度不断加剧,一方面胡杨能够通过气孔的调节减少水分的散失,另一方面胡杨通过增加叶片厚度和栅栏组织厚度,有效阻止光的传播,减少植物叶片蒸腾,增强水分利用的调节能力。胡杨通过这些调整以提高植物的水分利用效率,形成对水分的有效利用,同时与木质部水分传输效率的增强相协调。

(3)随着干旱胁迫程度不断加剧,一方面胡杨通过增加体内无机离子(K^+、Ca^{2+}、Mg^{2+})和有机物(脯氨酸和可溶性糖)的含量进行渗透调节,降低渗透势,增强植物细胞渗透调节作用和保水能力;另一方面胡杨通过抗氧化防御体系增加保护酶(SOD、POD、CAT)活性,增强对氧自由基的清除作用,减少对膜系统的伤害,增强植物的抗逆性,维持细胞的稳定性和持水力。胡杨通过这些调整以提高植物的保水能力,形成对水分的有效保持,这是胡杨应对极端干旱并维持生存的适应策略,同时与木质部水分传输效率的增强相协调。

基于以上主要结论,我们发现:随着干旱胁迫的持续加剧,胡杨的水分传输系统发生了显著变化。胡杨在干旱胁迫下减少了叶片对水分传输的阻碍,从而维持甚至增强了木质部的水分输送能力。这种调整使得胡杨在干旱条件下能够更有效地从土壤中吸收水分,并通过木质部将水分输送到植物体的各个部分。胡杨在干旱条件下能够更有效地利用有限的水分资源,维持其正常生长与发育。同时,胡杨在干旱胁迫下通过渗透调节和抗氧化防御体系来增强保水能力和抗逆性。综上所述,胡杨在干旱胁迫下通过调整水分传输、利用和保持过程来适应干旱环境。这些适应性机制包括增强根系的水分吸收能力、减少叶片对水分传输的阻碍、降低蒸腾作用、增强渗透调节作用和抗氧化防御能力等。这些机制共同作用,使得胡杨能够在干旱环境中维持正常生长与发育,展现出极强的抗逆性。通过对胡杨在干旱条件下水分管理策略的研究,我们可以更深入地理解植物如何适应极端环境。

四、盐胁迫对胡杨叶片功能性状的影响

这一部分以盐胁迫下胡杨叶片功能特性的适应和协调为研究对象,分析了水分参数、气体交换参数和生理生化因子对胡杨叶片功能特性的影响。这一部分研究得出的主要结论如下:

(1)盐胁迫对植物叶片功能性状的有害影响范围取决于盐胁迫程度。叶片的功能特性是连接外部环境和植物的纽带,对植物在环境变化中的性能提升有着重要的影响。叶片功能性状的变化反映了干旱区河岸植物在不同盐胁迫条件下的抗逆性和适应性。

(2)在中等盐胁迫水平下,胡杨叶片经济性状与叶片水力性状基本一致,但在盐胁迫初期和胁迫时间较长时,两者变化不一致。在严重的非致死性盐度条件下,胡杨几乎没有生化限制,CO_2富集对其叶片经济性状的影响较大。

(3)基于水分可利用性的毒性离子排斥和叶片的细胞内机制是胡杨耐盐性的影响因素。叶片胞内性状与叶片经济性状和叶片水力性状相互协调,形成防御机制,降低盐害,保证胡杨在盐渍条件下的生长。

基于以上主要结论,我们深入研究盐胁迫下胡杨叶片功能特性

的适应与协调机制,发现一系列复杂的生理生化反应与调节机制在其中起到了至关重要的作用。这些机制共同构成了胡杨在盐碱环境中生存与繁衍的坚实基础。盐胁迫对植物叶片功能性状的影响是多方面的,且其影响程度与盐胁迫的严重程度直接相关。叶片,作为连接外部环境与植物体的桥梁,其功能特性不仅关乎植物的整体性能,更在植物适应环境变化的过程中起到了决定性的作用。在盐胁迫条件下,胡杨叶片的功能性状会发生一系列变化,这些变化既是植物对逆境的响应,也是其抗逆性和适应性的体现。在中等盐胁迫水平下,胡杨叶片的经济性状与叶片的水力性状往往能够保持一致,这种一致性是胡杨叶片功能适应性的体现。然而,在盐胁迫初期或胁迫时间较长时,两者之间的变化可能会出现不一致的情况,这可能与胡杨在不同阶段采取的应对策略有关。值得注意的是,在严重的非致死性盐度条件下,胡杨的生化限制几乎可以忽略不计,而 CO_2 富集对其叶片经济性状的影响则相对较大。这可能是因为 CO_2 富集能够提高叶片的光合作用效率,从而在一定程度上缓解盐胁迫带来的压力。在探究胡杨耐盐性的机制时,我们不得不提到基于水分可利用性的毒性离子排斥和叶片的细胞内机制,这些机制是胡杨在盐碱环境中生存的关键。叶片胞内性状与叶片经济性状和叶片水力性状之间的协调,共同构成了胡杨叶片的防御机制,能够有效地降低盐害,保证胡杨在盐渍条件下的正常生长。植物可以通过保护机制减轻应激损伤,维持生存。植物可以通过对适应性功能性状的调整来适应非生物环境,这是胡杨在极端地区生存的进一步证据。胡杨河岸林通过调节和协调叶片功能性状来适应盐碱环境。综上所述,胡杨在盐胁迫下的叶片功能特性适应与协调机制是一个复杂而精细的过程,涉及多个生理生化反应的协调与配合。这些机制共同构成了胡杨在盐碱环境中生存的基石,也为我们在未来研究植物抗逆性提供了新的思路和方法。

五、盐胁迫和干旱胁迫下胡杨的生理响应过程

这一部分采用盆栽试验,以两年生胡杨幼苗为试材,进行了控制试验,研究胡杨在不同盐胁迫和不同干旱胁迫下的生理响应过程及其响应差异。这一部分研究得出的主要结论如下:

(1)随着盐胁迫和干旱程度的增加,保护酶 SOD、POD 和 CAT 活性均呈现先增加后减小的趋势,且不同保护酶的活性应对干旱胁迫和盐胁迫的反应速度和持续时间不同,胡杨通过将多种保护酶进行综合调节以形成整个抗氧化酶系统的防御功能。

(2)随着盐胁迫和干旱程度的增加,可溶性糖含量持续增加,同时可溶性糖的积累对于不同程度的盐胁迫和干旱胁迫的反应速度和持续时间不同,胡杨通过持续性积累有机物质维持渗透平衡,以形成渗透调节系统的长效防护功能。

(3)随着盐胁迫程度的增加,MDA 含量先减少后缓慢增加,基本维持在较低的水平,而随着干旱胁迫程度的增加,MDA 含量持续增加。胡杨能够在盐胁迫和轻度干旱胁迫下通过细胞膜系统的适应性调节维持细胞膜结构功能的完整性,以实现细胞膜系统的保护作用。

基于以上主要结论,我们发现:在胁迫初期,胡杨通过提高保护酶的活性来应对外界环境的压力,这是植物自我防御的一种常见机制。保护酶如 SOD、POD 和 CAT 等,能够清除因胁迫产生的活性氧自由基,减轻其对细胞的伤害。当胁迫程度超过胡杨的耐受范围时,保护酶的活性开始下降,这可能是由于酶系统的破坏或资源分配的调整。干旱胁迫和盐胁迫对保护酶活性的影响存在时间上的差异,这可能反映了胡杨对两种胁迫的不同适应性策略。可溶性糖是植物应对渗透胁迫的重要物质之一。在盐胁迫和干旱胁迫下,胡杨通过积累可溶性糖来降低细胞内的渗透势,从而维持细胞的正常水分状

态。虽然两种胁迫下可溶性糖都持续增加,但反应速度不同,这可能与胁迫的性质和胡杨的生理响应机制有关。MDA 是细胞膜脂过氧化的产物,其含量的增加通常表示细胞膜受到了损伤。初期 MDA 含量的减少可能反映了胡杨在盐胁迫下对细胞膜系统的适应性调节,但随着胁迫程度的增加,细胞膜系统开始受到损伤,MDA 含量逐渐上升。干旱胁迫导致 MDA 含量持续增加,说明干旱对胡杨细胞膜系统的损伤更为严重,且损伤程度随胁迫程度的增加而加剧。综上所述,在盐胁迫和干旱胁迫下,胡杨通过对抗氧化酶系统、渗透调节系统和细胞膜系统进行适应性的调整,从而增强其耐盐性和抗旱性。胡杨在盐胁迫和干旱胁迫下展现了不同的生理响应机制。通过调节保护酶的活性和积累可溶性糖等有机物质,胡杨能够在一定程度上应对这两种胁迫。然而,由于胁迫的性质和程度的差异,胡杨的响应策略也有所不同。这些发现对于理解胡杨的抗逆机制以及提高其在逆境下的生存能力具有重要意义。这将为黑河下游胡杨幼苗的培育和恢复提供科学的理论依据,同时也为整个黑河流域退化生态系统的恢复及重建提供了有益的参考。

六、生长季胡杨和柽柳水分关系的变化

我们对野外胡杨和柽柳苗木的生长特性进行了一次详尽的探究,特别是对其气孔导度、植株水分状况、水力特性以及木质部汁液离子浓度的季节变化趋势进行了深入研究。这一部分研究得出的主要结论如下:

(1)通过研究胡杨和柽柳的内部水分关系,揭示了植物内部水分关系在不同物种之间存在差异。胡杨和柽柳都通过调节气孔导度来响应水汽压亏缺,以达到生长季节叶片水势的动态平衡。

(2)在胡杨和柽柳的枝条和叶片中,水分状况与水分运输效率之间存在着重要的联系。其枝条的比导率由枝条木质部的水分状态决

定,叶片的比导率由叶片的水分状态决定。由于叶片水势的稳态,故两种植物叶片的比导率保持稳定。

(3)在没有干旱胁迫的情况下,木质部水力导度离子敏感性的提高是不必要的,干旱条件下木质部水力导度的离子敏感性增强。研究结果表明,由于枝条和叶片水分状态的平衡,柽柳很少发生由缺水引起的枝条枯死现象。在相对缺水条件下,胡杨木质部水力导度的离子敏感性导致了水力导度的增加。同时,胡杨维持水力平衡的能力相对较弱。在干旱适应方面,严重干旱可能导致胡杨比柽柳更快的枯死。我们认为,不同树种木质部水力导度离子敏感性的差异可能与干旱胁迫下水势值和供水稳定性的不同有关。

基于以上主要结论,我们发现:聚焦胡杨和柽柳这两种不同树种,它们在内部水分关系上存在着显著的差异。它们都拥有一种独特的机制,即通过调节气孔导度来应对水汽压亏缺,从而确保在生长季节中叶片水势能够维持在一个动态平衡的状态。植物的水分状态与其水分运输效率之间存在着密切的关系。在没有遭受干旱胁迫的情况下,我们发现提高木质部水力导度的离子敏感性并不是必要的。然而,在干旱条件下,木质部水力导度的离子敏感性会显著增强。这一变化揭示了植物在应对干旱胁迫时的一种适应性机制。通过对胡杨和柽柳的比较分析发现,胡杨在维持水力平衡方面的能力相对较弱,在干旱适应方面,胡杨可能会比柽柳更容易受到干旱胁迫的影响,导致更快的枯死。此外,我们认为不同树种在木质部水力导度离子敏感性方面的差异可能与它们在干旱胁迫下水势值和供水稳定性的不同有关。这一发现为我们理解植物在干旱环境中的生存策略提供了新的视角,也为未来在植物抗旱性改良方面的研究提供了有价值的参考。

第二节 研究价值与展望

一、研究价值

1. 生长季水力特性的研究

(1) 理解胡杨适应干旱环境的机制:胡杨主要生长于干旱和半干旱地区的沙漠、戈壁、荒漠和河谷等环境中,对干燥和寒冷的适应能力非常强。研究其水力特性有助于我们深入理解胡杨如何在极端干旱条件下生存和繁衍,包括其如何通过根系吸收深层地下水、如何在干旱季节自动凋落部分叶子以减少蒸腾水分损失等。

(2) 提供生态恢复的科学依据:胡杨是维系荒漠生态系统的主体和建群种,具有防风固沙护岸、阻止沙漠外延入侵、稳定河道、保护绿洲、维持荒漠区生态平衡的重要功能。通过对其水力特性的研究,可以为荒漠地区的生态恢复和重建提供科学依据,指导我们如何更有效地利用胡杨进行生态修复。

(3) 揭示胡杨对气候变化的响应:胡杨是较古老的树种,对于研究荒漠区气候变化、河流变迁、植物区系的演化以及生态经济、文化的发展都有重要的科学价值。其水力特性的变化可能直接反映了气候变化对荒漠生态系统的影响,因此研究胡杨水力特性有助于我们预测和应对气候变化对荒漠生态系统的潜在影响。

(4) 指导胡杨的种植和管理:通过对胡杨水力特性的研究,我们可以更好地理解其生长需求和管理策略,例如在不同生长阶段对水分的需求、如何通过灌溉等手段提高胡杨的成活率和生长速度等,这对于推广胡杨种植、提高荒漠地区的植被覆盖率和生态稳定性具有重要意义。

综上所述,生长季胡杨水力特性研究对于理解胡杨适应干旱环境的机制、提供生态恢复的科学依据、揭示胡杨对气候变化的响应以及指导胡杨的种植和管理等方面都具有重要意义。

2.胡杨水力特性的干旱响应机制研究

（1）揭示胡杨抗旱机理：通过研究胡杨在干旱胁迫下木质部解剖结构和水力特性的变化，可以揭示其抗旱机理，为抗旱植物的选育提供理论依据。了解胡杨的抗旱机理，可以帮助我们更好地保护和利用这一重要资源，防止沙漠化的进一步蔓延。

（2）指导荒漠地区生态保护与恢复：胡杨作为维系荒漠生态系统的主体和建群种，对其抗旱性的研究对于荒漠地区的生态保护与恢复具有重要意义。

（3）促进科学研究发展：胡杨是较古老的树种，对于研究荒漠区气候变化、河流变迁、植物区系的演化以及生态经济、文化的发展都有重要的科学价值。通过研究胡杨的抗旱性，可以进一步推动相关学科领域的发展，为荒漠地区的科学研究提供新的视角和方法。

（4）提供实践应用价值：研究成果可以应用于荒漠地区的植被恢复和生态工程建设，指导人们选择合适的树种和种植方式，提高生态修复的效果。

（5）提供参考价值：研究成果还可以为干旱地区的农业生产和畜牧业发展提供参考，帮助人们更好地利用当地资源，实现可持续发展。

综上所述，胡杨水力特性的干旱响应机制研究具有多方面的意义，它不仅有助于我们深入理解胡杨的抗旱机理，还能为荒漠地区的生态保护与恢复提供科学依据和实践指导。

3.干旱条件下胡杨整个水分输送过程的调整研究

（1）揭示胡杨抗旱机制：研究胡杨在干旱条件下水分输送过程的调整，可以深入揭示其抗旱机制。例如，胡杨可能通过调整根系分布和深度、优化枝茎的输水能力、改变叶片的形态和结构等方式来应对干旱。这种机制对于理解植物如何在逆境中生存和繁衍至关重要。

(2)促进干旱地区生态保护：胡杨作为干旱地区的重要树种，其水分输送过程的调整对于维护生态系统的稳定性具有重要意义。通过研究，我们可以更好地理解胡杨在干旱环境中的生存策略，从而更有效地保护和管理这些生态系统。

(3)指导植被恢复工程：研究成果可以为干旱地区的植被恢复工程提供指导。了解胡杨的水分输送过程和抗旱机制，可以帮助我们选择更合适的树种和恢复方式，提高植被恢复的成功率和效果。

(4)丰富植物生态学理论：干旱条件下胡杨水分输送过程的调整研究，可以丰富和拓展植物生态学的理论体系。通过研究胡杨对干旱环境的响应，我们可以更好地理解植物与环境之间的相互作用，推动相关学科领域的发展。

(5)提供实践应用支持：研究成果还可以为干旱地区的农业生产、畜牧业发展提供实践应用支持。例如，了解胡杨的水分输送过程和抗旱机制，可以帮助农民选择更耐旱的作物品种，优化灌溉方式，提高农业生产效率。

(6)提供具体数据和信息的参考：揭示胡杨在干旱条件下独特的水分获取和利用方式，对于理解其水分输送过程的调整具有重要意义。

综上所述，干旱条件下胡杨整个水分输送过程的调整研究具有多方面的意义，从揭示植物抗旱机制、促进生态保护、指导植被恢复工程到丰富植物生态学理论和提供实践应用支持等方面都发挥了重要作用。

4. 盐胁迫对胡杨叶片功能性状的影响研究

(1)揭示胡杨的耐盐机制：研究盐胁迫下胡杨叶片功能性状的变化，有助于揭示胡杨的耐盐机制。例如，胡杨可能通过调整叶片结构、优化生理代谢过程等方式来应对盐胁迫，这些机制对于理解胡杨在盐碱环境中的生存策略至关重要。

(2)提供生态恢复的科学依据：胡杨作为干旱和盐碱地区的重要树种，其耐盐性研究对于生态恢复具有重要意义。通过了解胡杨在盐胁迫下的叶片功能性状变化，可以为盐碱地的植被恢复提供科学依据，指导当地选择合适的树种和恢复方式。

(3)丰富植物抗逆性研究：盐胁迫是植物面临的主要逆境之一，研究胡杨的耐盐性可以丰富植物抗逆性的研究内容。通过比较不同树种或同一树种不同品种之间的耐盐性差异，可以为植物抗逆性育种提供理论基础和实践指导。

(4)揭示具体生理生态指标的影响：研究表明，盐胁迫会对胡杨叶片的多个功能性状产生显著影响。

(5)指导农业生产和畜牧业发展：在盐碱地区，了解胡杨等植物的耐盐性，可以指导农业生产和畜牧业发展。通过选择耐盐性强的作物品种和牧草品种，可以提高盐碱地的利用效率和经济效益。

(6)推动相关学科领域的发展：盐胁迫对胡杨叶片功能性状的影响研究涉及植物生理学、生态学、遗传学等多个学科领域。通过这一研究，可以推动相关学科领域的发展，促进学科交叉和融合。

综上所述，盐胁迫对胡杨叶片功能性状的影响研究不仅有助于揭示胡杨的耐盐机制，还可以为生态恢复、植物抗逆性育种、农业生产和畜牧业发展提供科学依据和实践指导，同时也可推动相关学科领域的发展。

5.盐胁迫和干旱胁迫下胡杨的生理响应过程研究

(1)揭示胡杨的抗逆机制：胡杨在干旱、盐胁迫下存在物种特异性变化。胡杨在盐胁迫下限制了盐从根部向叶片的转运，显示了胡杨独特的耐盐机制。

(2)为生态恢复提供科学依据：在干旱和盐胁迫加重的气候环境下，了解胡杨对这两种胁迫的生理响应过程，可以为生态恢复和植树造林时选择合适的树种提供科学依据。基于胡杨的生理响应过程，可以制定更有效的恢复策略,如优化灌溉方式、选择抗逆性强的树种等,以提高生态恢复的成功率和效果。

(3)丰富植物抗逆性理论:研究胡杨在盐胁迫和干旱胁迫下的生理响应过程,有助于深入理解植物的抗逆性机制,为植物抗逆性育种提供理论基础。

(4)促进相关学科领域的发展:研究胡杨在盐胁迫和干旱胁迫下的生理响应过程,可以推动植物生理学领域的发展,特别是在植物抗逆性方面。通过了解胡杨在逆境下的生理响应过程,可以进一步理解植物与环境的相互作用关系,推动生态学领域的发展。

综上所述,盐胁迫和干旱胁迫下胡杨的生理响应过程研究对于揭示胡杨的抗逆机制、为生态恢复提供科学依据、丰富植物抗逆性理论以及促进相关学科领域的发展等都具有重要意义。

6.生长季胡杨和柽柳水分关系的变化研究

(1)揭示水分利用策略:胡杨与柽柳的水分利用策略不同,这种差异有助于我们理解两种植物如何在干旱环境中生存和繁衍。通过研究胡杨和柽柳的水分利用效率,可以了解它们在干旱环境中的适应性。

(2)指导生态保护与恢复:了解胡杨和柽柳的水分关系变化,可以为荒漠地区的植被恢复提供指导。在选择恢复树种时,可以充分考虑不同树种的水分利用策略和适应性,以提高植被恢复的成功率和效果。研究成果还可以为荒漠地区的水资源管理提供科学依据。通过了解不同植物的水分需求和水分利用策略,可以制定更合理的水资源分配方案,以实现水资源的可持续利用。

(3)丰富植物生态学理论:研究胡杨和柽柳的水分关系变化,有助于理解它们之间的种间关系。在干旱环境中,两种植物可能通过竞争或合作来获取有限的水资源,这种关系对于维持生态系统的稳定性和多样性具有重要意义。通过比较胡杨和柽柳的水分利用策略和适应性,可以了解它们在生态系统中的生态位分化情况。这种分化有助于维持生态系统的稳定性和复杂性,促进生物多样性的发展。

综上所述,生长季胡杨和柽柳水分关系的变化研究具有重要意义,它不仅有助于揭示两种植物的水分利用策略和适应性,还能为荒漠地区的生态保护与恢复提供科学依据。同时,该研究还能丰富植物生态学理论,促进相关学科领域的发展。

二、展望

1. 生理机制与水分利用效率深化研究

(1)进一步解析水分传输与利用机制:基于现有研究,未来可以更加深入地探究胡杨根系如何深入地下水层吸取水分,并如何通过特殊的叶片结构减少水分蒸发,提高水分利用效率。通过定量分析和模型构建,可以更准确地评估胡杨在干旱环境中的水分利用效率和生态适应性。

(2)探索胡杨的节水机制:研究胡杨在干旱季节如何通过自动凋落部分叶子、调整气孔开度等方式减少蒸腾水分损失,以及这些机制如何与胡杨的生长和存活策略相结合。

2. 气候变化对胡杨水力特性的影响

(1)评估气候变暖对胡杨水分传输的影响:随着全球气候变暖,干旱和极端天气事件可能更加频繁。未来的研究可以评估这些气候变化如何影响胡杨的水分传输系统,包括根、茎和叶的木质部解剖结构和水力特性。

(2)预测胡杨对气候变化的响应:基于对胡杨水力特性的深入理解,预测其在不同气候条件下的生长状况和适应能力,为荒漠地区生态恢复和重建提供科学依据。

3. 多学科交叉融合的研究方法

(1)结合生态学、生理学和分子生物学的研究:未来的研究可以向从微观到宏观,从定性到定量,从单一学科到多学科相互渗透、交叉与融合的方向发展。同时将植物水势、植物体内水分传导、根水势、土壤水势等有机结合起来,形成水分传输系统,研究水分动态特点。

(2)应用先进的实验技术和方法:采用先进的实验仪器和合理的实验设计,对胡杨进行系统的盆栽和野外试验研究。这不仅可以提高研究的准确性和可靠性,还可以为相关领域的科学研究提供有价值的参考。

4.生理机制的探究

盐胁迫对胡杨叶片功能性状的影响是一个复杂且重要的研究领域。未来的研究应关注叶片功能性状的变化、形态结构的适应性变化、生理机制的探究、基因表达与调控以及环境因素的综合影响等方面,以全面揭示胡杨在盐胁迫下的适应性和生存策略。这将有助于我们更好地理解胡杨在荒漠生态系统中的作用和地位,并为荒漠生态系统的保护和恢复提供科学依据和技术支持。

5.环境因子与水分输送的互作

干旱条件下胡杨整个水分输送过程的调整研究对于揭示其适应干旱环境的机制具有重要意义。未来的研究应重点关注根系结构、水分传输、叶片水分散失、克隆整合以及环境因子与水分输送的互作等方面,深入揭示胡杨在干旱条件下如何调整水分输送过程以确保其正常生长和发育。这将有助于我们更好地理解胡杨在荒漠生态系统中的作用和地位,并为荒漠生态系统的保护和恢复提供科学依据和技术支持。

6.生态适应与恢复

未来关于盐胁迫和干旱胁迫下胡杨的生理响应过程研究将在生理机制、分子机制、生态适应等多个方面进行深入探索,以期更全面地揭示胡杨的抗逆性机制,并为荒漠地区的生态恢复提供科学依据和技术支持。

7. 生理生态机制的比较分析

生长季胡杨和柽柳水分关系的变化研究对于理解它们的生长、适应机制以及生态功能具有重要意义。未来的研究应进一步深入揭示两种植物的水分来源、利用策略和生理生态机制,为荒漠地区的生态保护和恢复提供科学依据和技术支持。同时,加强对两种植物在气候变化下的适应性研究,这对于应对全球气候变化、保护生态环境等具有重要意义。

参考文献

安玉艳,梁宗锁,郝文芳,2011.杠柳幼苗对不同强度干旱胁迫的生长与生理响应[J].生态学报,31(3):716-725.

曹文炳,万力,周训,等,2004.黑河下游水环境变化对生态环境的影响[J].水文地质工程地质,31(5):21-25.

陈敏,陈亚宁,李卫红,等,2007.塔里木河中游地区3种植物的抗旱机理研究[J].西北植物学报,27(4):704-754.

陈曦,姜逢清,胡汝骥,2015.中国干旱区自然地理[M].北京:科学出版社.

陈亚宁,李卫红,徐海量,等,2003.塔里木河下游地下水位对植被的影响[J].地理学报,58(4):542-549.

陈亚宁,李卫红,周洪华,等,2016.黑河下游荒漠河岸林植物水分传输观测试验研究[J].北京师范大学学报(自然科学版),52(3):271-276.

陈亚鹏,陈亚宁,李卫红,等,2004.塔里木河下游干旱胁迫下的胡杨生理特点分析[J].西北植物学报,24(10):1943-1948.

邓雄,李小明,张希明,等,2003.多枝柽柳气体交换特性研究[J].生态学报,23(1):180-187.

冯起,司建华,席海洋,等,2015.黑河下游生态需水与生态水量调控[M].北京:科学出版社.

冯燕,王彦荣,胡小文,2011.水分胁迫对幼苗期霸王叶片生理特性的影响[J].草业科学,28(4):577-581.

龚春梅,2007.干旱地区水分梯度下植物光合碳同化途径适应性变化机制研究[D].兰州:兰州大学.

郭改改,封斌,麻保林,等,2013.不同区域长柄扁桃叶片解剖结构及其抗旱性分析[J].西北植物学报,33(4):720-728.

郭卫华,李波,黄永梅,等,2004.不同程度的水分胁迫对中间锦鸡儿幼苗气体交换特征的影响[J].生态学报,24(12):2716-2722.

胡云,燕玲,李红,2006.14种荒漠植物茎的解剖结构特征分析[J].干旱区资源与环境,20(1):202-208.

蒋高明,2004.植物生理生态学[M].北京:高等教育出版社.

接玉玲,杨洪强,崔明刚,等,2001.土壤含水量与苹果叶片水分利用效率的关系[J].应用生态学报,12(3):387-390.

靳淑静,2009.黄土丘陵区植被演替过程中典型群落特征及水分利用策略研究[D].杨凌:西北农林科技大学.

雷善清,王文娟,王雨辰,等,2020.不同土壤水盐条件下多枝柽柳对胡杨幼苗的影响[J].生态学报,40(21):7638-7647.

李凤民,王俊,郭安红,2000.供水方式对春小麦根源信号和水分利用效率的影响[J].水利学报,1:23-27.

李合生,2006.现代植物生理学[M].北京:高等教育出版社.

李吉跃,翟洪波,2000.木本植物水力结构与抗旱性[J].应用生态学报,33(2):301-305.

栗燕,黎明,袁晓晶,等,2011.干旱胁迫下菊花叶片的生理响应及抗旱性评价[J].石河子大学学报(自科版),29(1):30-34.

刘晚苟,山仑,邓西平,2001.根输水机理研究进展[J].干旱地区农业研究,19(2):81-88.

刘晚苟,山仑,2004.土壤机械阻力对玉米根系导水率的影响[J].水利学报,4:114-117.

刘蔚,王涛,苏永红,等,2012.黑河下游土壤和地下水盐分特征分析[J].冰川冻土,27(6):890-898.

刘振林,戴思兰,2004.植物甜菜碱醛脱氢酶基因研究进展[J].西北农林科技大学学报(自然科学版),32(3):104-112.

毛培利,李丕军,刘华,等,2008.干旱胁迫下刺槐生理适应特性研究[J].新疆农业科学,45(4):704-706.

潘瑞炽,董愚得,2001.植物生理学[M].4版.北京:高等教育出版社.

潘莹萍,陈亚鹏,王怀军,等,2018.胡杨叶片结构与功能关系[J].中国沙漠,38(4):765-771.

彭立新,束怀瑞,李德全,2004.水分胁迫对苹果属植物抗氧化酶活性的影响研究[J].中国生态农业学报,12(3):44-46.

裘丽珍,黄有军,黄坚钦,等,2006.不同耐盐性植物在盐胁迫下的生长与生理特性比较研究[J].浙江大学学报(农业与生命科学版),32(4):420-427.

任红旭,陈雄,王亚馥,2001.抗旱性不同的小麦幼苗在水分和盐胁迫下抗氧化酶和多胺的变化[J].植物生态学报,25(6):709-715.

时丽冉,刘志华,2010.干旱胁迫对苣荬菜抗氧化酶和渗透调节物质的影响[J].草地学报,18(5):673-677.

史军辉,王新英,刘茂秀,等,2014.NaCl胁迫对胡杨幼苗叶主要渗透调节物质的影响[J].西北林学院学报,29(6):6-11.

司建华,常宗强,苏永红,等,2008.胡杨叶片气孔导度特征及其对环境因子的响应[J].西北植物学报,28(1):125-130.

司建华,冯起,席海洋,等,2013.黑河下游额济纳绿洲生态需水关键期及需水量[J].中国沙漠,33(2):560-567.

田晓艳,刘延吉,张蕾,等,2009.盐胁迫对景天三七保护酶系统、MDA、Pro及可溶性糖的影响[J].草原与草坪,6:11-14.

万东石,李红玉,周攻克,等,2004.虫害对不同水分条件胡杨披针形叶活性氧代谢的影响[J].应用生态学报,15(5):849-852.

汪志荣,张兴昌,李军,2004.农田生态系统中的物质迁移研究进展[J].

干旱地区农业研究,22(1):156-164.

王文成,郭艳超,李克晔,等,2011.盐胁迫对竹柳种苗形态及生理指标的影响[J].华北农学报,26(1):143-146.

王燕凌,刘君,郭永平,2003.不同水分状况对胡杨、柽柳组织中几个与抗逆能力有关的生理指标的影响[J].新疆农业大学学报,26(3):47-50.

王有年,杜方,于同泉,等,2001.水分胁迫对桃叶片碳水化合物及其相关酶活性的影响[J].北京农学院学报,16(4):9-14.

魏永胜,梁宗锁,2001.钾与提高作物抗旱性的关系[J].植物生理学通讯,37(6):576-580.

文建雷,张檀,胡景江,等,2000.三种杜仲无性系抗旱性比较[J].西北林学院学报,15(3):12-15.

吴建慧,郭瑶,崔艳桃,2012.水分胁迫对绢毛委陵菜叶绿体超微结构及光合生理因子的影响[J].草业科学,29(3):434-439.

吴志华,曾富华,马生健,等,2004.水分胁迫下植物活性氧代谢研究进展(综述I)[J].亚热带植物科学,32(2):77-80.

徐茜,2012.胡杨木质部解剖结构和水力特性对干旱胁迫的响应[D].乌鲁木齐:新疆农业大学.

杨建伟,韩蕊莲,刘淑明,等,2004.不同土壤水分下杨树的蒸腾变化及抗旱适应性研究[J].西北林学院学报,19(3):7-10.

杨启良,张富仓,刘小刚,等,2011.环境因素对植物导水率影响的研究综述[J].中国生态农业学报,19(2):456-461.

杨升,2010.滨海耐盐树种筛选及评价标准研究[D].北京:中国林业科学研究院.

杨永青,王文棋,ERIO A,等,2006.干旱胁迫下胡杨生理适应机制的研究[J].北京林业大学学报,28(2):6-11.

伊丽,米努尔,荆卫民,2017.不同水分处理下几种柽柳属植物幼株木质部栓塞及其解剖结构特征[J].北京林业大学学报,39(10):42-52.

曾凡江,张希明,FOETZKI A,等,2002.新疆策勒绿洲胡杨水分生理特性研究[J].干旱区研究,19(2):26-30.

张光灿,刘霞,贺康宁,等,2004.金矮生苹果叶片气体交换参数对土壤水分的响应[J].植物生态学报,28(1):66-72.

张岁岐,山仑,2002.植物水分利用效率及其研究进展[J].干旱地区农业研究,20(4):1-5.

张向娟,2014.干旱胁迫下棉花叶片光合特性的适应机制研究[D].石河子:石河子大学.

张怡,罗晓芳,沈应柏,2009.干旱胁迫下四倍体刺槐幼苗水分利用效率及稳定碳同位素组成的研究[J].西北植物学报,29(7):1460-1464.

赵春彦,秦洁,贺晓慧,等,2022.荒漠河岸林胡杨对盐胁迫的适应机制[J].干旱区资源与环境,36(7):166-172.

赵春彦,2019.荒漠河岸林胡杨水分利用策略及对干旱胁迫的适应机制[D].北京:中国科学院大学.

郑彩霞,邱箭,姜春宁,等,2006.胡杨多形叶气孔特征及光合特性的比较[J].林业科学,42(8):19-24.

钟悦鸣,董芳宇,王文娟,等,2017.不同生境胡杨叶片解剖特征及其适应可塑性[J].北京林业大学学报,39(10):53-61.

周智彬,李培军,2002.我国旱生植物的形态解剖学研究[J].干旱区研究,19(1):35-40.

AASAMAA K, NIINEMETS U, SOBER A, 2005. Leaf hydraulic conductance in relation to anatomical and functional traits during Populus tremula leaf ontogeny[J]. Tree Physiology, 25:1409-1418.

AASAMAA K, SOBER A, 2010. Sensitivity of stem and petiole hydraulic conductance of deciduous trees to xylem sap ion concentration[J]. Biologia Plantarum, 54:299-307.

ABDELGAWAD H, ZINTA G, HEGAB M M, et al, 2016. High salinity induces different oxidative stress and antioxidant responses in maize seedlings organs[J]. Frontiers in Plant Science,7:1-11.

ADAMS H D, ZEPPEL M J B, ANDEREGG W R L, et al, 2017. A multi-species synthesis of physiological mechanisms in drought-induced tree mortality[J]. Nature Ecology & Evolution,1(9):1285-1291.

AFEFE A A, KHEDR A, ABBAS M S, et al, 2021. Responses and tolerance mechanisms of mangrove trees to the ambient salinity along the Egyptian Red Sea Coast[J]. Limnological Review,21(1):3-13.

AINSWORTH E A, ROGERS A, 2007. The response of photosynthesis and stomatal conductance to rising [CO_2]: Mechanisms and environmental interactions[J]. Plant, Cell & Environment,30(3):258-270.

AISHAN T, HALIK U, KURBAN A, et al, 2015. Eco-morphological response of floodplain forests (Populus euphratica Oliv.) to water diversion in the lower Tarim River, northwest China[J]. Environmental Earth Sciences,73(2):533-545.

ALSINA M, SMART D, TARYN B, et al, 2011. Seasonal changes of whole root system conductance by a salt-tolerant grape root system[J]. Journal of Experimental Botany,62(1):99-109.

ANDEREGG W R L, BERRY J A, SMITH D D, et al, 2012. The roles of hydraulic and carbon stress in a widespread climate-induced forest die-off[J]. Proceedings of the National Academy of Sciences of the United States of America,109(1):233-237.

ANDEREGG W R L, ANDEREGG L D, 2013. Hydraulic and carbohydrate changes in experimental drought-induced mortality of saplings in two conifer species[J]. Tree Physiology,33(3):252-260.

ARNDT S, CLIFFORD S, WANEK W, et al, 2001. Physiological and morphological adaptations of the fruit tree Ziziphus rotundifolia in response to progressive drought stress[J]. Tree Physiology, 21(11): 705 – 715.

AWAD H, BARIGAH T, BADEL E, et al, 2010. Poplar vulnerability to xylem cavitation acclimates to drier soil conditions[J]. Physiologia Plantarum, 139(3): 280 – 288.

BACELAR E A, CORREIA C M, MOUTINHO-PEREIRA J M, et al, 2004. Sclerophylly and leaf anatomical traits of five field-grown olive cultivars growing under drought conditions[J]. Tree Physiology, 24(2): 233 – 239.

BACELAR E A, SANTOS D L, MOUTINHO-PEREIRA J M, et al, 2006. Immediate responses and adaptative strategies of three olive cultivars under contrasting water availability regimes: Changes on structure and chemical composition of foliage and oxidative damage[J]. Plant Science, 170(3): 596 – 605.

BAHRUN A, JENSEN C R, ASCH F, et al, 2002. Drought-induced changes in xylem pH, ionic composition, and ABA concentration act as early signals in field-grown maize (Zea mays L.)[J]. Journal of Experimental Botany, 53(367): 251 – 263.

BARGALI K, TEWARI A, 2004. Growth and water relation parameters in drought-stressed Coriaria nepalensis seedlings[J]. Journal of Arid Environments, 58(4): 505 – 512.

BARIGAH T S, IBRAHIM T, BOGARD A, et al, 2006. Irradiance-induced plasticity in the hydraulic properties of saplings of different temperate broad-leaved forest tree species[J]. Tree Physiology, 26(12): 1505 – 1516.

BECKER P, MEINZER F, WULLSCHLEGER S, 2000. Hydraulic limitation of tree height: A critique[J]. Functional Ecology, 14(1): 4 – 11.

BEIKIRCHER B, MAYR S, 2009. Intraspecific differences in drought tolerance and acclimation in hydraulics of Ligustrumvulgare and Viburnum lantana[J]. Tree Physiology,29(6):765-775.

BEZERRA N E, RODRIGUEZ P L, POMPELLI M, et al, 2022. Modulation of photosynthesis under salinity and the role of mineral nutrients in Jatropha curcas L. [J]. Journal of Agronomy and Crop Science,208(3):314-334.

BLACKMAN C J, ASPINWALL M J, RESCO DE DIOS V, et al, 2016. Leaf photosynthetic, economics and hydraulic traits are decoupled among genotypes of a widespread species of eucalypt grown under ambient and elevated CO_2[J]. Functional Ecology,30(9):1491-1500.

BLACKMAN C J, BRODRIBB T J, JORDAN G J, 2010. Leaf hydraulic vulnerability is related to conduit dimensions and drought resistance across a diverse range of woody angiosperms [J]. New Phytologist,188(4):1113-1123.

BOYCE C K, ZWIENIECKI M A, CODY G D, et al, 2004. Evolution of xylem lignification and hydrogel transport regulation[J]. Proceedings of the National Academy of Sciences,101:17555-17558.

BRÉDA N, HUC R, GRANIER A, et al, 2006. Temperate forest trees and stands under severe drought: A review ofecophysiological responses, adaptation processes and long-term consequences[J]. Annals of Forest Science,63(6):625-644.

BRODRIBB T J, COCHARD H, 2009. Hydraulic failure defines the recovery and point of death in water-stressed conifers [J]. Plant Physiology,149(1):575-584.

BRODRIBB T J, HOLBROOK N M, 2004. Stomatal protection against hydraulic failure: A comparison of coexisting ferns and angiosperms

[J]. New Phytologist,162(3):663-670.

BRODRIBB T J, HOLBROOK N M, 2005. Water stress deforms tracheids peripheral to the leaf vein of a tropical conifer[J]. Plant Physiology,137(3):1139-1146.

BRUELHEIDE H,JANDT U,2004. Vegetation types in the foreland of the Qira Oasis:Present distribution and changes during the last decades [J]. Ecophysiology and Habitat Requirements of Perennial Species in the Taklimakan Desert,28:27-34.

CAMPBELL G S,NORMAN J,2012. An introduction to environmental biophysics[M]. Berlin:Springer.

CAMPBELL S A, NISHIO J N, 2000. Iron deficiency studies of sugar beet using an improved sodium bicarbonate-buffered hydroponic growth system[J]. Journal of Plant Nutrition,23(6):741-757.

CAO X, JIA J, ZHANG C, et al, 2014. Anatomical, physiological and transcriptional responses of two contrasting poplar genotypes to drought and re-watering[J]. Physiologia Plantarum,151(4):480-494.

CERNUSAK L A,MARSHALL J D,2001. Responses of foliar δ13C,gas exchange and leaf morphology to reduced hydraulic conductivity in Pinus monticola branches[J]. Tree Physiology,21:1215-1222.

CHANG X Z,XI P D,SUI Q Z,et al,2004. Advances in the studies on water uptake by plant roots[J]. Journal of Integrative Plant Biology, 46(5):505-514.

CHARTZOULAKIS K, PATAKAS A, KOFIDIS G, et al, 2002. Water stress affects leaf anatomy,gas exchange,water relations and growth of two avocado cultivars[J]. Scientia Horticulturae,95(1-2):39-50.

CHAVES M M, PEREIRA J S, MAROCO J, et al, 2002. How plants cope with water stress in the field? Photosynthesis and growth[J].

Annals of Botany,89(7):907-916.

CHAVES M M, OLIVEIRA M, 2004. Mechanisms underlying plant resilience to water deficits: Prospects for water-saving agriculture[J]. Journal of Experimental Botany,55(407):2365-2384.

CHEN J W, ZHANG Q, LI X S, et al, 2009. Independence of stem and leaf hydraulic traits in six Euphorbiaceae tree species with contrasting leaf phenology[J]. Planta,230(3):459-468.

CHEN S, POLLE A, 2010. Salinity tolerance of Populus[J]. Plant Biology,12(2):317-333.

CHEN Y N, CHEN Y P, LI W H, et al, 2003. Response of the accumulation of proline in the bodies of Populus euphratica to the change of groundwater level at the lower reaches of Tarim River[J]. Chinese Science Bulletin,48(18):1995-1999.

CHEN Y N, CHEN Y P, XU C, et al, 2012. Groundwater depth affects the daily course of gas exchange parameters of Populus euphratica in arid areas[J]. Environmental Earth Sciences,66(2):433-440.

CHEN Y N, CHEN Y P, XU C, 2011. Photosynthesis and water use efficiency of Populus euphratica in response to changing groundwater depth and CO_2 concentration[J]. Environmental Earth Sciences,62(1):119-125.

CHMURA D J, ANDERSON P D, HOWE G T, et al, 2011. Forest responses to climate change in the northwestern United States: Ecophysiological foundations for adaptive management[J]. Forest Ecology and Management,261(7):1121-1142.

CHOAT B, BRODRIBB T J, BRODERSEN C R, et al, 2018. Triggers of tree mortality under drought[J]. Nature,558(7711):531-539.

CHOAT B, JANSEN S, BRODRIBB T J, et al, 2012. Global convergence in the vulnerability of forests to drought[J]. Nature,491(7426):752 - 755.

CHOAT B,LAHR E C,MELCHER P J,et al,2005. The spatial pattern of air seeding thresholds in mature sugar maple trees[J]. Plant,Cell & Environment,28(9):1082 - 1089.

COCHARD H,FROUX F,MAYR S,et al,2004. Xylem wall collapse in water-stressed pine needles[J]. Plant Physiology,134(1):401 - 408.

COCHARD H,HERBETTE S,HERNANDEZ E,et al,2009. The effects of sap ionic composition on xylem vulnerability to cavitation[J]. Journal of Experimental Botany,61:275 - 285.

COCHARD H,VENISSE J-S,BARIGAH T S,et al,2007. Putative role ofaquaporins in variable hydraulic conductance of leaves in response to light[J]. Plant Physiology,143(1):122 - 133.

CORCUERA L,CAMARERO J J,GIL-PELEGRIN E,2004. Effects of a severe drought on Quercus ilex radial growth and xylem anatomy[J]. Trees ,18(1):83 - 92.

CORSO D, DELZON S, LAMARQUE L J, et al, 2020. Neither xylem collapse,cavitation,or changing leaf conductance drive stomatal closure in wheat[J]. Plant,Cell & Environment,43(4):854 - 865.

CRUIZIAT P, COCHARD H, AMEGLIO T, 2002. Hydraulic architecture of trees:Main concepts and results[J]. Annals of Forest Science,59(7):723 - 752.

DAVIS S D, EWERS F W, SPERRY J S, et al, 2002. Shoot dieback during prolonged drought in Ceanothus (Rhamnaceae) chaparral of California:A possible case of hydraulic failure[J]. American Journal of Botany,89(5):820 - 828.

DE-BAERDEMAEKER N J,SALOMON R L,DE ROO L,et al,2017. Sugars from woody tissue photosynthesis reduce xylem vulnerability to cavitation[J]. New Phytologist,216(3):720-727.

DEINLEIN U,STEPHAN A,HORIE T,et al,2014. Plant salt-tolerance mechanisms[J]. Trends in Plant Science,19(6):371-379.

DEMIDCHIK V,2015. Mechanisms of oxidative stress in plants: From classical chemistry to cell biology[J]. Environmental & Experimental Botany,109:212-228.

DERROIRE G,POWERS J S,HULSHOF C M,et al,2018. Contrasting patterns of leaf trait variation among and within species during tropical dry forest succession in Costa Rica[J]. Scientific Reports,8(1):285.

DOMEC J C,SCHOLZ F,BUCCI S,et al,2006. Diurnal and seasonal variation in root xylem embolism in neotropical savanna woody species: Impact on stomatal control of plant water status[J]. Plant, Cell & Environment,29(1):26-35.

DONG L,JAUME F,2018. Leaf economics spectrum in rice: Leaf anatomical,biochemical and physiological trait trade-offs[J]. Journal of Experimental Botany,69(22):599-609.

DUAN H,GRADY O,ANTHONY P,et al,2015. Drought responses of two gymnosperm species with contrasting stomatal regulation strategies under elevated [CO_2] and temperature [J]. Tree Physiology,(7):756-770.

DUAN H,MA Y,LIU R,et al,2018. Effect of combined waterlogging and salinity stresses oneuhalophyte Suaeda glauca[J]. Plant Physiology and Biochemistry,127:231-237.

DUNBAR C S,SPORCK M J,SACK L,2009. Leaf trait diversification and design in seven rare taxa of the Hawaiian Plantago radiation[J]. International Journal of Plant Sciences,170(1):61-75.

ENGELBRECHT B M,COMITA L S,CONDIT R,et al,2007. Drought

sensitivity shapes species distribution patterns in tropical forests[J]. Nature,447(7140):80 – 82.

EWERS B,OREN R,SPERRY J,2000. Influence of nutrient versus water supply on hydraulic architecture and water balance in Pinustaeda[J]. Plant,Cell & Environment,23(10):1055 – 1066.

FITTER A H,HAY R K,2012. Environmental physiology of plants[M]. New York:Academic Press.

FLEXAS J,DIAZ-ESPEJO A,GALMES J,et al,2007. Rapid variations of mesophyll conductance in response to changes in CO_2 concentration around leaves[J]. Plant,Cell & Environment,30(10):1284 – 1298.

FLOWERS T J,COLMER T D,2015. Plant salt tolerance:Adaptations in halophytes[J]. Annals of Botany,115(3):327 – 331.

FRANKS P J, DRAKE P L, FROEND R H, 2007. Anisohydric but isohydrodynamic:Seasonally constant plant water potential gradient explained by a stomatal control mechanism incorporating variable plant hydraulic conductance[J]. Plant,Cell & Environment,30(1):19 – 30.

FRANZISKA E, CARLA L NGUYEN L X, et al, 2014. Increased invasive potential of non-native Phragmites australis:Elevated CO_2 and temperature alleviate salinity effects on photosynthesis and growth[J]. Global Change Biology,20(2):531 – 543.

FU A,LI W,CHEN Y,2012. The threshold of soil moisture and salinity influencing the growth of Populus euphratica and Tamarix ramosissima in the extremely arid region[J]. Environmental Earth Sciences,66(8):2519 – 2529.

GASCÓ A,SALLĔO S,GORTAN E,et al,2007. Seasonal changes in the ion-mediated increase of xylem hydraulic conductivity in stems of three evergreens:Any functional role? [J]. Physiologia Plantarum,129(3):

597 – 606.

GINDABA J, ROZANOV A, NEGASH L, 2005. Photosynthetic gas exchange, growth and biomass allocation of two Eucalyptus and three indigenous tree species of Ethiopia under moisture deficit[J]. Forest Ecology and Management, 205(1 – 3):127 – 138.

GINDABA J, ROZANOV A, NEGASH L, 2004. Response of seedlings of two Eucalyptus and three deciduous tree species from Ethiopia to severe water stress[J]. Forest Ecology and Management, 201(1):119 – 129.

GONZÁLES W L, SUAREZ L H, MOLINA-MONTENEGRO M A, et al, 2008. Water availability limits tolerance of apical damage in the Chilean tarweed Madia sativa[J]. Acta Oecologica, 34(1):104 – 110.

GREEN D S, KRUGER E L, 2001. Light-mediated constraints on leaf function correlate with leaf structure among deciduous and evergreen tree species[J]. Tree Physiology, 21(18):1341 – 1346.

GRIES D, ZENG F, FOETZKI A, et al, 2003. Growth and water relations of Tamarix ramosissima and Populus euphratica on Taklamakan desert dunes in relation to depth to a permanent water table[J]. Plant, Cell & Environment, 26(5):725 – 736.

GULLO M L, RAIMONDO F, CRISAFULLI A, et al, 2010. Leaf hydraulic architecture and water relations of three ferns from contrasting light habitats[J]. Functional Plant Biology, 37(6):566 – 574.

HACKE U G, SPERRY J S, POCKMAN W T, et al, 2001. Trends in wood density and structure are linked to prevention of xylem implosion by negative pressure[J]. Oecologia, 126(4):457 – 461.

HACKE U G, SPERRY J S, WHEELER J K, et al, 2006. Scaling of angiosperm xylem structure with safety and efficiency[J]. Tree

Physiology, 26(6): 689 – 701.

HACKE U G, SPERRY J S, 2015. Functional and ecological xylem anatomy[M]. Berlin: Springer.

HAMADA A, GAURAV Z, HEGAB M, et al, 2016. High salinity induces different oxidative stress and antioxidant responses in maize seedlings organs[J]. Frontiers in Plant Science, 7: 580.

HAN X, HE X, QIU W, et al, 2017. Pathogenesis-related protein PR10 from Salix matsudana Koidz exhibits resistance to salt stress in transgenic Arabidopsis thaliana[J]. Environmental and Experimental Botany, 141: 74 – 82.

HAO G Y, HOFFMANN W A, SCHOLZ F G, et al, 2008. Stem and leaf hydraulics of congeneric tree species from adjacent tropical savanna and forest ecosystems[J]. Oecologia, 155(3): 405 – 415.

HARBORNE J B, 2010. Introduction to ecological biochemistry[J]. Biochemistry & Molecular Biology Education, 6(1): 24 – 28.

HARTMANN H, TRUMBORE S, 2016. Understanding the roles of nonstructural carbohydrates in forest trees-from what we can measure to what we want to know[J]. New Phytologist, 211(2): 386 – 403.

HASEGAWA P M, BRESSAN R A, ZHU J K, et al, 2000. Plant cellular and molecular responses to high salinity[J]. Annual Review of Plant Biology, 51(1): 463 – 499.

HE P, WRIGHT I J, ZHU S, et al, 2019. Leaf mechanical strength and photosynthetic capacity vary independently across 57 subtropical forest species with contrasting light requirements[J]. New Phytologist, 223: 607 – 618.

HE X L, ZHAO L L, LI Y P, 2005. Effects of AM fungi on the growth and protective enzymes of cotton under NaCl stress[J]. Acta Ecologica

Sinica,25(1):188 - 193.

HERBETTE S,BOUCHET B,BRUNEL N,et al,2015. Immunolabelling of intervessel pits for polysaccharides and lignin helps in understanding their hydraulic properties in Populus tremula × alba[J]. Annals of Botany,115(2):187 - 199.

HETHERINGTON A M,WOODWARD F I,2003. The role of stomata in sensing and driving environmental change[J]. Nature,424(6951): 901 - 908.

HISHIDA M, ASCENCIO-VALLE F, FUJIYAMA H, et al, 2014. Antioxidant enzyme responses to salinity stress of Jatrophacurcas and J. cinerea at seedling stage[J]. Russian Journal of Plant Physiology, 61(1):53 - 62.

HOCHBERG U, BONEL A G, DAVID-SCHWARTZ R, et al, 2017. Grapevine acclimation to water deficit: The adjustment of stomatal and hydraulic conductance differs from petiole embolism vulnerability[J]. Planta,245(6):1091 - 1104.

HORTON J,KOLB T E, HART S,2001. Responses of riparian trees to interannual variation in ground water depth in a semi-arid river basin [J]. Plant,Cell & Environment,24(3):293 - 304.

HUSSAIN M I,LYRA D A,FAROOQ M,et al,2015. Salt and drought stresses in safflower: A review [J]. Agronomy for Sustainable Development,36:1 - 32.

JACOBSEN A L,AGENBAG L,ESLER K J,et al,2007. Xylem density, biomechanics and anatomical traits correlate with water stress in 17 evergreen shrub species of the Mediterranean-type climate region of South Africa[J]. Journal of Ecology,95(1):171 - 183.

JONES T J, LUTON C D, SANTIAGO L S, et al, 2010. Hydraulic

constraints on photosynthesis in subtropical evergreen broad leaf forest and pine woodland trees of the Florida Everglades[J]. Trees, 24(3): 471-478.

KARST J, GASTER J, WILEY E, et al, 2017. Stress differentially causes roots of tree seedlings to exude carbon [J]. Tree Physiology, 37(2): 154-164.

KIM Y X, STEUDLE E, 2007. Light and turgor affect the water permeability(aquaporins) of parenchyma cells in the midrib of leaves of Zea mays[J]. Journal of Experimental Botany, 58(15-16): 4119-4129.

KUME T, TAKIZAWA H, YOSHIFUJI N, et al, 2007. Impact of soil drought on sap flow and water status of evergreen trees in a tropical monsoon forest in northern Thailand [J]. Forest Ecology and Management, 238(1-3): 220-230.

KURSAR T A, ENGELBRECHT B M, BURKE A, et al, 2009. Tolerance to low leaf water status of tropical tree seedlings is related to drought performance and distribution[J]. Functional Ecology, 23(1): 93-102.

LADJAL M, HUC R, DUCREY M, 2005. Drought effects on hydraulic conductivity and xylem vulnerability to embolism in diverse species and provenances of Mediterranean cedars[J]. Tree Physiology, 25(9): 1109-1117.

LAMBERS H, CHAPINIII F S, PONS T L, 2008. Plant physiological ecology[J]. Berlin: Springer Science & Business Media.

LAWSON T, MATTHEWS J, 2020. Guard cell metabolism and stomatal function[J]. Annual Review of Plant Biology, 71: 273-302.

LEPEREN W V, MEETEREN U V, GELDER H V, 2000. Fluid ionic composition influences hydraulic conductance of xylem conduits[J]. Journal of Experimental Botany, 345(51): 769-776.

LI D, SI J H, ZHANG X Y, et al, 2019. Hydraulic characteristics of Populus euphratica in an arid environment[J]. Forests,10(5):407.

LI J Y, ZHAO C Y, LI J, et al, 2013. Growth and leaf gas exchange in Populus euphratica across soil water and salinity gradients [J]. Photosynthetica,51(3):321-329.

LI L, MCCORMACK M L, MA C, et al, 2015. Leaf economics and hydraulic traits are decoupled in five species-rich tropical-subtropical forests[J]. Ecology Letters,18(9):899-906.

LI Q, LIU R, LI Z, et al, 2022. Positive effects of NaCl on the photoreaction and carbon assimilation efficiency in Suaeda salsa[J]. Plant Physiology and Biochemistry,177:32-37.

LI Y, DUAN B, CHEN J, et al, 2016. Males exhibit competitive advantages over females of Populus deltoides under salinity stress[J]. Tree Physiology,36(12):1573-1584.

LIU C, LI Y, XU L, CHEN Z, et al, 2019. Variation in leaf morphological, stomatal, and anatomical traits and their relationships in temperate and subtropical forests[J]. Scientific Reports,9(1):5803.

LIU F, STUTZEL H, 2002. Leaf expansion, stomatal conductance, and transpiration of vegetable amaranth(Amaranthus sp.) in response to soil drying [J]. Journal of the American Society for Horticultural Science,127(5):878-883.

LIU J, EQUIZA M A, NAVARRO-RODENAS A, et al, 2014. Hydraulic adjustments in aspen(Populus tremuloides)seedlings following defoliation involve root and leaf aquaporins[J]. Planta,240(3):553-564.

LIU X, SUAREZ D L, 2021. Lima bean growth. Leaf stomatal and nonstomatal limitations to photosynthesis, and C-13 discrimination in response to saline irrigation[J]. Journal of the American Society for

Horticultural Science(2):146.

LOEPFE L, MARTINEZ V J, PINOL J, et al, 2007. The relevance of xylem network structure for plant hydraulic efficiency and safety[J]. Journal of Theoretical Biology,247(4):788 – 803.

LOPEZ J, EWERS F W, ANGELES G, 2005. Sap salinity effects on xylem conductivity in two mangrove species [J]. Plant, Cell & Environment,28:1285 – 1292.

LOVISOLO C, PERRONE I, CARRA A, et al, 2010. Drought-induced changes in development and function of grapevine(Vitis spp.) organs and in their hydraulic and non-hydraulic interactions at the whole-plant level: A physiological and molecular update [J]. Functional Plant Biology,37(2):98 – 116.

MA F, BARRETT E G, TIAN C Y, 2019. Changes in cell size and tissue hydration("succulence") cause curvilinear growth responses to salinity and watering treatments in euhalophytes [J]. Environmental and Experimental Botany,159:87 – 94.

MAHERALI H, DELUCIA E H, 2000. Xylem conductivity and vulnerability to cavitation of ponderosa pine growing in contrasting climates[J]. Tree Physiology,20(13):859 – 867.

MAHERALI H, POCKMAN W T, JACKSON R B, 2004. Adaptive variation in the vulnerability of woody plants to xylem cavitation[J]. Ecology,85(8):2184 – 2199.

MARTINEZ V J, PRAT E, OLIVERAS I, et al, 2002. Xylem hydraulic properties of roots and stems of nine Mediterranean woody species[J]. Oecologia,133(1):19 – 29.

MARTRE P, MORILLON R, BARRIEU F, et al, 2002. Plasma membranea quaporins play a significant role during recovery from water deficit[J]. Plant Physiology,130(4):2101 - 2110.

MATZNER S,COMSTOCK J,2001. The temperature dependence of shoot hydraulic resistance: Implications for stomatal behaviour and hydraulic limitation[J]. Plant,Cell & Environment,24(12):1299 - 1307.

MCCULLOH K A,SPERRY J S,2005. Patterns in hydraulic architecture and their implications for transport efficiency[J]. Tree Physiology, 25(3):257 - 267.

MCDOWELL N G,FISHER R A,XU C,et al,2013. Evaluating theories of drought-induced vegetation mortality using a multimodel-experiment framework[J]. New Phytologist,200(2):304 - 321.

MCDOWELL N G,2011. Mechanisms linking drought,hydraulics,carbon metabolism,and vegetation mortality[J]. Plant Physiology, 155(3): 1051 - 1059.

MCDOWELL N G, POCKMAN W T, ALLEN C D, et al, 2010. Mechanisms of plant survival and mortality during drought: Why do some plants survive while others succumb to drought? [J]. New Phytologist,178:719 - 739.

MCELRONE A J, POCKMAN W T, MARTINEZ V J, et al, 2004. Variation in xylem structure and function in stems and roots of trees to 20 m depth[J]. New Phytologist,163(3):507 - 517.

MEENA M, DIVYANSHU K, KUMAR S, et al, 2019. Regulation of L-proline biosynthesis,signal transduction,transport,accumulation and its vital role in plants during variable environmental conditions[J]. Heliyon,5(12):2952.

MEINZER F C,CLEARWATER M J,GOLDSTEIN G,2001. Water transport in trees: Current perspectives, new insights and some controversies[J]. Environmental and Experimental Botany,45(3):

239 – 262.

MEINZER F C, 2002. Co-ordination of vapour and liquid phase water transport properties in plants[J]. Plant, Cell & Environment, 25(2): 265 – 274.

MELONI D A, OLIVA M A, MARTINEZ C A, et al, 2003. Photosynthesis and activity of superoxide dismutase, peroxidase and glutathione reductase in cotton under salt stress[J]. Environmental and Experimental Botany, 49(1): 69 – 76.

MINH L, KHANG D, HA P, et al, 2016. Effects of salinity stress on growth and phenolics of rice(Oryza sativa L.)[J]. International Letters of Natural Sciences, 57: 1 – 10.

MOUKHTARI A, CECILE C, FARISSI M, et al, 2020. How does proline treatment promote salt stress tolerance during crop plant development? [J]. Frontiers in Plant Science, 11: 1127.

NARDINI A, SALLEO S, ANDRI S, 2005. Circadian regulation of leaf hydraulic conductance in sunflower(Helianthus annuus L. cv Margot) [J]. Plant, Cell & Environment, 28(6): 750 – 759.

NARDINI A, SALLEO S, JANSEN S, 2011. More than just a vulnerable pipeline: Xylem physiology in the light of ion-mediated regulation of plant water transport[J]. Journal of Experimental Botany, 62(14): 4701 – 4718.

NARDINI A, SALLEO S, RAIMONDO F, 2003. Changes in leaf hydraulic conductance correlate with leaf vein embolism in Cercissiliquastrum L[J]. Trees, 17(6): 529 – 534.

NGUYEN H, BHOWMIK S, LONG H, et al, 2021. Rapid accumulation of proline enhances salinity tolerance in Australian Wild Rice Oryza Australiensis Domin[J]. Plants, 10(10): 2044.

NOWAK R S, ELLSWORTH D S, SMITH S D, 2004. Functional

responses of plants to elevated atmospheric CO_2-do photosynthetic and productivity data from FACE experiments support early predictions? [J]. New Phytologist,162(2):253 – 280.

OGAYA R,PENUELAS J,2003. Comparative field study of Quercus ilex andPhillyrea latifolia: Photosynthetic response to experimental drought conditions[J]. Environmental and Experimental Botany,50(2):137 – 148.

OREN R,SPERRY J S,KATUL G G,et al,2010. Survey and synthesis of intra and interspecific variation in stomatal sensitivity to vapour pressure deficit[J]. Plant,Cell & Environment,22:1515 – 1526.

OTTOW E A, BRINKER M, TEICHMANN T, et al, 2005. Populus euphratica displays apoplastic sodium accumulation,osmotic adjustment by decreases in calcium and soluble carbohydrates, and develops leaf succulence under salt stress[J]. Plant Physiology,139(4):1762 – 1772.

PAN Y,CHEN Y,CHEN Y,et al,2016. Impact of groundwater depth on leaf hydraulic properties and drought vulnerability of Populus euphratica in the Northwest of China[J]. Trees,30(6):2029 – 2039.

PARENT B, HACHEZ C, REDONDO E, et al, 2009. Drought and abscisic acid effects on aquaporin content translate into changes in hydraulic conductivity and leaf growth rate:A trans-scale approach[J]. Plant Physiology,153(2):2000 – 2012.

PARIHAR P,SINGH S,SINGH R,et al,2015. Effect of salinity stress on plants and its tolerance strategies: A review [J]. Environmental Science & Pollution Research,22(6):4056 – 4075.

PER T, KHAN N, REDDY P, et al, 2017. Approaches in modulating proline metabolism in plants for salt and drought stress tolerance: Phytohormones,mineral nutrients and transgenics[J]. Plant Physiology and Biochemistry,115:126 – 140.

PEREZ-LOPEZ U,ROBREDO A,LACUESTA M,et al,2012. Elevated CO_2 reduces stomatal and metabolic limitations on photosynthesis caused by salinity in Hordeum vulgare[J]. Photosynthesis Research: An International Journal,111(3):269-283.

PETIT G,SAVI T,CONSOLINI M,et al,2016. Interplay of growth rate and xylem plasticity for optimal coordination of carbon and hydraulic economies in Fraxinusornus trees[J]. Tree Physiology,36(11):1310-1319.

PINHEIRO C,CHAVES M,2011. Photosynthesis and drought:Can we make metabolic connections from available data? [J]. Journal of Experimental Botany,62(3):869-882.

PITTERMANN J,SPERRY J S,WHEELER J K,et al,2006. Mechanical reinforcement of tracheids compromises the hydraulic efficiency of conifer xylem[J]. Plant,Cell & Environment,29(8):1618-1628.

PIVOVAROFF A L,PASQUINI S C,DE GUZMAN M E,et al,2016. Multiple strategies for drought survival among woody plant species[J]. Functional Ecology,30(4):517-526.

PIVOVAROFF A L, LAWREN S, SANTIAGO L, 2014. Coordination of stem and leaf hydraulic conductance in southern California shrubs:A test of the hydraulic segmentation hypothesis [J]. NewPhytologist,203(3):842-850.

POTTERS G,PASTERNAK T P,GUISEZ Y,et al,2007. Stress-induced morphogenic responses:Growing out of trouble? [J]. Trends in Plant Science,12(3):98-105.

POWERS J S,VARGAS G G,BRODRIBB T J,et al,2020. A catastrophic tropical drought kills hydraulically vulnerable tree species[J]. Global Change Biology,26(5):3122-3133.

QUERO J L, STERCK F J, MARTINEZ V J, et al, 2011. Water-use strategies of six co-existing Mediterranean woody species during a summer drought[J]. Oecologia,166(1):45-57.

RAIMONDO F,TRIFILO P,GULLO M L,et al,2009. Effects of reduced irradiance on hydraulic architecture and water relations of two olive clones with different growth potentials [J]. Environmental and Experimental Botany,66(2):249-256.

RAJPUT V,CHEN Y,AYUP M,2015. Effects of high salinity on physiological and anatomical indices in the early stages of Populus euphratica growth[J]. Russian Journal of Plant Physiology,62(2):229-236.

RAVEN J A,2010. Selection pressures on stomatal evolution[J]. New Phytologist,153:371-386.

RAY P, HUANG B, TSUJI Y, 2012. Reactive oxygen species (ROS) homeostasis and redox regulation in cellular signaling [J]. Cellular Signalling,24:981-990.

RIEGER M, LO BIANCO R, OKIE W, 2003. Responses of Prunusferganensis,Prunus persica and two interspecific hybrids to moderate drought stress[J]. Tree Physiology,23(1):51-58.

RODIYATI A, ARISOESILANINGSIH E, ISAGI Y, et al, 2005. Responses of Cyperus brevifolius(Rottb.)Hassk. and Cyperus kyllingia Endl. to varying soil water availability [J]. Environmental and Experimental Botany,53(3):259-269.

RODRIGUEZ G J, ANCILLO G, LEGAZ F, et al, 2012. Influence of salinity on pip gene expression in citrus roots and its relationship with root hydraulic conductance, transpiration and chloride exclusion from leaves[J]. Environmental and Experimental Botany,78:163-166.

SACK L, HOLBROOK N M, 2006. Leaf hydraulics[J]. Annu. Rev. Plant Biology, 57:361 – 381.

SACK L, SCOFFONI C, 2013. Leaf venation: Structure, function, development, evolution, ecology and applications in the past, present and future[J]. New Phytologist, 198(4):983 – 1000.

SACK L, TYREE M T, HOLBROOK N M, 2005. Leaf hydraulic architecture correlates with regeneration irradiance in tropical rainforest trees[J]. New Phytologist, 167(2):403 – 413.

SAITO T, TERASHIMA I, 2004. Reversible decreases in the bulk elastic modulus of mature leaves of deciduous Quercus species subjected to two drought treatments[J]. Plant, Cell & Environment, 27(7):863 – 875.

SANTIAGO M, PAGAY V, STROOCK A D, 2013. Impact of electroviscosity on the hydraulic conductance of the bordered pit membrane: A theoretical investigation[J]. Plant Physiology, 163(2): 999 – 1011.

SCOFFONI C, POU A, AASAMAA K, et al, 2008. The rapid light response of leaf hydraulic conductance: New evidence from two experimental methods[J]. Plant, Cell & Environment, 31(12):1803 – 1812.

SECCHI F, ZWIENIECKI M A, 2011. Sensing embolism in xylem vessels: The role of sucrose as a trigger for refilling[J]. Plant, Cell & Environment, 34(3):514 – 524.

SELLIN A, KUPPER P, 2007. Temperature, light and leaf hydraulic conductance of little-leaf linden(Tilia cordata) in a mixed forest canopy [J]. Tree Physiology, 27(5):679 – 688.

SERGIO L, PAOLA A, CANTORE V, et al, 2012. Effect of salt stress on growth parameters, enzymatic antioxidant system, and lipid peroxidation in wild chicory (Cichoriumintybus L.) [J]. Acta

Physiologiae Plantarum,34(6):2349-2358.

SHAMSI N A, HUSSAIN M I, EL-KEBLAWY A,2020. Physiological responses of thexerohalophyte Suaeda vermiculata to salinity in its hyper-arid environment[J]. Flora-Morphology Distribution Functional Ecology of Plants,273:151705.

SI J,FENG Q,CAO S,et al,2014. Water use sources of desert riparian Populus euphratica forests[J]. Environmental Monitoring and Assessment,186(9):5469-5477.

SIEBRECHT S, HERDEL K, SCHURR U, et al, 2003. Nutrient translocation in the xylem of poplar-diurnal variations and spatial distribution along the shoot axis[J]. Planta,217(5):783-793.

SILVA E N,RIBEIRO R V,FERREIRA S L,et al,2010. Comparative effects of salinity and water stress on photosynthesis, water relations and growth of Jatrophacurcas plants[J]. Journal of Arid Environments, 74(10):1130-1137.

SPERRY J, HACKE U, OREN R, et al, 2002. Water deficits and hydraulic limits to leaf water supply[J]. Plant, Cell & Environment, 25(2):251-263.

STROOCK A D, PAGAY V V, ZWIENIECKI M A, et al, 2014. The physicochemical hydrodynamics of vascular plants[J]. Annual Review of Fluid Mechanics,46:615-642.

SU Y, ZHU G, FENG Q, et al, 2009. Environmental isotopic and hydrochemical study of groundwater in the Ejina Basin, northwest China[J]. Environmental Geology,58(3):601-614.

SUN C,GAO X,CHEN X,et al,2016. Metabolic and growth responses of maize to successive drought and re-watering cycles[J]. Agricultural Water Management,172:62-73.

TARGETTI S, MESSERI A, STAGLIANO N, et al, 2013. Leaf functional traits for the assessment of succession following management in semi-natural grasslands: A case study in the North Apennines, Italy [J]. Applied Vegetation Science, 16(2): 325 – 332.

TESTER M, DAVENPORT R, 2003. Na^+ tolerance and Na^+ transport in higher plants[J]. Annals of Botany, 91(5): 503 – 527.

TRIFILO P, RAIMONDO F, NARDINI A, et al, 2004. Drought resistance of Ailanthus altissima: Root hydraulics and water relations[J]. Tree Physiology, 24(1): 107 – 114.

TRIFILO P, GULLO M A, SALLEO S, et al, 2008. Xylem embolism alleviated by ion-mediated increase in hydraulic conductivity of functional xylem: Insights from field measurements [J]. Tree Physiology, 28: 1505 – 1512.

TYREE M T, ENGELBRECHT B M, VARGAS G, et al, 2003. Desiccation tolerance of five tropical seedlings in Panama. Relationship to a field assessment of drought performance[J]. Plant Physiology, 132(3): 1439 – 1447.

TYREE M T, NARDINI A, SALLEO S, et al, 2005. The dependence of leaf hydraulic conductance on irradiance during HPFM measurements: Any role for stomatal response? [J]. Journal of Experimental Botany, 56(412): 737 – 744.

TYREE M T, VARGAS G, ENGELBRECHT B M, et al, 2002. Drought until death do us part: A case study of the desiccation-tolerance of a tropical moist forest seedling-tree, Licania platypus (Hemsl.) Fritsch [J]. Journal of Experimental Botany, 53(378): 2239 – 2247.

URLI M, PORTE A J, COCHARD H, et al, 2013. Xylem embolism threshold for catastrophic hydraulic failure in angiosperm trees[J]. Tree

Physiology,33(7):672-683.

VADEZ V,2014. Root hydraulics: The forgotten side of roots in drought adaptation[J]. Field Crops Research,165:15-24.

VAN I W, VAN M U, VAN G H, 2000. Fluid ionic composition influences hydraulic conductance of xylem conduits[J]. Journal of Experimental Botany,51(345):769-776.

VANDELEUR R K,MAYO G,SHELDEN M C,et al,2009. The role of plasma membrane intrinsic protein aquaporins in water transport through roots: Diurnal and drought stress responses reveal different strategies between isohydric and anisohydric cultivars of grapevine[J]. Plant Physiology,149(1):445-460.

VANDERSANDE M W, GLENN E P, WALWORTH J L, 2001. Tolerance of five riparian plants from the lower Colorado River to salinity,drought, and inundation[J]. Journal of Arid Environments,49(1):147-159.

VOICU M C,ZWIAZEK J J,2011. Diurnal and seasonal changes of leaf lamina hydraulic conductance in bur oak (Quercus macrocarpa) and trembling aspen(Populustremuloides)[J]. Trees,25(3):485-495.

VOICU M C, ZWIAZEK J J, 2010. Inhibitor studies of leaf lamina hydraulic conductance in trembling aspen(Populustremuloides Michx.) leaves[J]. Tree Physiology,30(2):193-204.

WANG P, YU J, ZHANG Y, et al, 2013. Groundwater recharge and hydrogeochemical evolution in the Ejina Basin, northwest China[J]. Journal of Hydrology,476:72-86.

WANG N,GAO J,ZHANG S,2017. Overcompensation or limitation to photosynthesis and root hydraulic conductance altered by rehydration in seedlings of sorghum and maize[J]. The Crop Journal,5(4):337-344.

WATANABE S, KOJIMA K, IDE Y, et al, 2000. Effects of saline and osmotic stress on proline and sugar accumulation in Populus euphratica in vitro[J]. Plant Cell Tissue & Organ Culture,63(3):199-206.

WEST A, HULTINE K, JACKSON T, et al, 2007. Differential summer water use by Pinus edulis and Juniperus osteosperma reflects contrasting hydraulic characteristics[J]. Tree Physiology,27(12):1711-1720.

WILLSON C J, JACKSON R B, 2006. Xylem cavitation caused by drought and freezing stress in four co-occurring Juniperus species[J]. Physiologia Plantarum,127(3):374-382.

XU Z, JIANG Y, JIA B, et al, 2016. Elevated-CO_2 response of stomata and its dependence on environmental factors[J]. Frontiers in Plant Science, 7:657.

YADAV T, KUMAR A, YADAV R K, et al, 2020. Salicylic acid and thiourea mitigate the salinity and drought stress on physiological traits governing yield in pearl millet-wheat[J]. Saudi Journal of Biological Sciences,27(8):2010-2017.

YANG L, SHI Y, XIAO R, et al, 2021. Salt interferences to metabolite accumulation, flavonoid biosynthesis and photosynthetic activity in Tetrastigma hemsleyanum [J]. Environmental and Experimental Botany,194:104765.

YANG L, CHEN W, CHEN J, et al, 2016. Vulnerability to drought-induced cavitation in shoots of two typical shrubs in the southern Mu Us Sandy Land,China[J]. Journal of Arid Land,8:125-137.

YANG S, ZHENG W, CHEN G, et al, 2005. Difference of ultrastructure and photosynthetic characteristics between lanceolate and broad-ovate leaves in Populus euphratica[J]. Acta Botanica Boreali-Occidentalia Sinica,25(1):14-21.

YIN H, TARIQ A, ZHANG B, et al, 2021. Coupling relationship of leaf economic and hydraulic traits of Alhagi sparsifolia Shap. In a hyper-arid desert ecosystem[J]. Plants, 10(9): 1867.

YIN Q, WANG L, LEI M, et al, 2018. The relationships between leaf economics and hydraulic traits of woody plants depend on water availability[J]. Science of the Total Environment, 621: 245-252.

YOU J, CHAN Z, 2015. ROS regulation during abiotic stress responses in crop plants[J]. Frontiers in Plant Science, 6: 1092.

YU L, DONG H, LI Z, et al, 2020. Species-specific responses to drought, salinity and their interactions in Populus euphratica and P. pruinosa seedlings[J]. Journal of Plant Ecology, 13(5): 563-573.

ZELM E, ZHANG Y, TESTERINK C, 2020. Salt tolerance mechanisms of plants[J]. Annual Review of Plant Biology, 71(1): 403-433.

ZENG F, YAN H, ARNDT S K, 2009. Leaf and whole tree adaptations to mild salinity in field grown Populus euphratica[J]. Tree Physiology, 29(10): 1237-1246.

ZHANG Y J, MEINZER F C, QI J H, et al, 2013. Midday stomatal conductance is more related to stem rather than leaf water status in subtropical deciduous and evergreen broadleaf trees[J]. Plant, Cell & Environment, 36(1): 149-158.

ZHANG Y J, ELIAS K, LI T, et al, 2022. NaCl affects photosynthetic and stomatal dynamics by osmotic effects and reduces photosynthetic capacity by ionic effects in tomato[J]. Journal of Experimental Botany, 73(11): 3637-3650.

ZHANG Y J, ROCKWELL F E, WHEELER J K, et al, 2014a. Reversible deformation of transfusiontracheids in Taxus baccata is associated with a reversible decrease in leaf hydraulic conductance[J]. Plant

Physiology,165(4):1557 – 1565.

ZHANG Z L, LIU G D, ZHANG F C, et al, 2014b. Effects of nitrogen content on growth and hydraulic characteristics of peach (Prunus persica L.) seedlings under different soil moisture conditions [J]. Journal of Forestry Research,25(2):365 – 375.

ZHOU H, CHEN Y, LI W, et al, 2013. Xylem hydraulic conductivity and embolism in riparian plants and their responses to drought stress in desert of Northwest China[J]. Ecohydrology,6(6):984 – 993.

ZHU G, SU Y, FENG Q, 2008. The hydrochemical characteristics and evolution of groundwater and surface water in the Heihe River Basin, northwest China[J]. Hydrogeology Journal,16(1):167 – 182.

ZHU S D, CAO K F, 2009. Hydraulic properties and photosynthetic rates in co-occurring lianas and trees in a seasonal tropical rainforest in southwestern China[J]. Plant Ecology,204(2):295 – 304.

ZWIENIECKI M A, HOLBROOK N M, 2000. Bordered pit structure and vessel wall surface properties. Implications for embolism repair[J]. Plant Physiology,123(3):1015 – 1020.

ZWIENIECKI M A, MELCHER P J, HOLBROOK N M, 2001. Hydrogel control of xylem hydraulic resistance in plants [J]. Science,291:1059 – 1062.